微反应心理

MICRORESPONSIVE PSYCHOLOGY

梅子 / 编著

WUHAN UNIVERSITY PRESS
武汉大学出版社

图书在版编目（CIP）数据

微反应心理 / 梅子编著 . —武汉 : 武汉大学出版社， 2018.5
ISBN 978-7-307-20198-9

Ⅰ.微… Ⅱ.梅… Ⅲ.心理学 – 通俗读物 Ⅳ.B84–49

中国版本图书馆 CIP 数据核字 (2018) 第 098199 号

责任编辑：黄朝昉 孟令玲　　责任校对：吴越同　　版式设计：薛桂萍

出版发行：**武汉大学出版社**　　（430072　武昌　珞珈山）
　　　　　（电子邮件：cbs22@whu.edu.cn　网址：www.wdp.com.cn）
印刷：三河市德鑫印刷有限公司
开本：880×1230　1/32　　印张：7.25　　字数：150 千字
版次：2018 年 5 月第 1 版　　2018 年 5 月第 1 次印刷
ISBN 978-7-307-20198-9　　定价：42.00 元

　　微反应是身体的本能反应，它脱离了理智的控制，无法矫饰也不能伪装，是看穿一个人内心真实想法的极可靠的线索和依据。

　　在微反应之下，人无秘密可言，就算他们竭力控制，闭口不言，身体也会喋喋不休，内心的真实态势甚至会通过每一个毛孔流露出来。微反应转瞬即逝，粗心的人往往视而不见，也因此失去了一次次摸清对方复杂心理的机会，然而正是这转瞬即逝的不经意流露，才是最可靠的"证据"。

　　近年来，"微反应心理学"作为心理学的一个细分科目，已逐渐兴起，其大众关注度越来越高。显而易见，已经有越来越多的人逐渐认识到了微反应心理学在实际生活中的重要作用。事实上，只要你还在与人打交道，微反应观察就不可缺失。简单地说，你在与人交往时，只有及时捕捉到对方的体态反应并准确解读，才能够获知他内心的真实想法，才知道他对你的看法，才知道下一步该采取怎样的社交策略以占据主动地位。

　　在某种程度上，我们把人生比作一场博弈，一点也不为过。生活中的人际交往、资源竞争，就是一场场或明或暗的较量。如果你既能够准确解读他人的微反应，又知道如何采取恰当的回应方式，你就能在商场、职场、交际场上游刃有余，左右逢源，就能迅速进入成功者的行列。这也正是我们撰写此书的目的所在。

　　本书语言文字简洁明了，生动活泼，我们在贴合原意的基础上，将一些晦涩难懂的心理学理论尽量生活化、通俗化，以方便读者更好地阅读和理解。而且，我们对每个微反应都做了独立叙述，让每一个微反应都有其独立的价值点，使读者可以单独加以运用。

　　本书涉及的知识面较为广泛，吸纳了心理学上关于表情反应、动作反应、体态反应、语言反应、社交心理反应等诸多方面的研究成果。毫不夸张地说，本书一定能够帮助你建立一张健康、安全、完善的社会助力网，让你的生活得心应手，顺风顺水。

目　次
Contents

第一章 微反应，内心真实情境的显微镜

　　微反应，即"心理应激微反应"，是人在受到有效刺激的一刹那，不由自主表现出的不受思维控制的瞬间真实反应。微反应从人类本能出发，无法掩饰，也不能伪装，因而被广泛应用于协助司法机关查案、商业谈判、心理咨询等领域。它是人性最自然的流露，最能透露人的真实内心想法。

1 人人都逃不掉的微反应

人们常说，理智高于情绪，如果一个人自控力很高，那他就可以用理智控制自己的情绪。真的是这样吗？

这样的说法或许有些偏颇，但我们不可否定，有些人的自控能力确实比较强，可是很多生理上的微反应还是无法控制的，要不怎么有情不自禁这样的情况呢？事实上，每个人都逃不掉微反应，因为不管是在生活中还是在纯粹的生理活动中，比如运动、吃饭等，人们在遇到刺激的时候，都会产生一些条件反应。比如，你站在一个地方，如果一个人或是一个物体向你冲过来，你会下意识地躲避、逃开。即便是自控能力再强的人，也无法控制这种反应。即便是没有大的动作，也会有细微的反应。

微反应都是最本能的反应，很多都是习惯性的、下意识的，即便我们极力地控制也无法控制得住。比如，人受到惊吓的时候，瞳孔就会放大，下意识地睁大眼睛；人着急的时候，手部就有很多小动作，比如搓手、握手等，即便是有些自制力比较好的人可以控制这些小动作，他们额头也会冒汗……

我们可以通过这些微反应，看出一个人的情绪变化、心理状态及说话的意图等。如果你不相信的话，可以做一个实验：

我们试着闭上眼睛，什么也不说，全神贯注地倾听对方说话的声音。不看他们的表情，不看他们的身体动作，只听他们的声音。

我们会发现，我们根本没有办法猜测对方的真实意图，不能判断对方是否说谎，情绪如何。当我们睁开眼睛的时候，渐渐地就可以轻松掌握别人的意图，理解别人说话的真正用意。这究竟是为什么？

这是因为在人与人的接触过程中，人们不仅仅利用话语与别人交流，还会通过一些习惯性动作和下意识的动作来表达自己的情绪，来传递自己想要传递的信息，其中包括眼神、手势、肢体语言等，而我们经常靠这些眼神和手势来揣摩他人的内心，体会对方说话时的情绪，让我们轻松地明白别人的意图。

这些细微的非语言行为就是我们所说的微反应。在与人交往的过程中，我们观察到了这些细微的非语言行为，观察到了除语言之外的其他表达方式，更清晰地了解了其他人的想法，因此也更容易与别人沟通。于是我们惊呼：睁开眼睛，我们的沟通将更加有效。

可是，微反应并不是那么容易搞明白的，也并不是每个人都能够读懂别人的微反应的。比如，伸出几根手指、手指的方向、伸出哪根手指做动作，往往都代表着不同的含义。再比如抱头、摇头、皱眉、微笑等，也隐藏着内心中的很多秘密。我们只有真正地了解了这些不同的微反应的含义，才能真正地读懂别人内心的真情实感，才能准确地判断出别人的意图和动向。

在现实中，微反应虽然有很多共性，但对每个个体来说，存在很大的区别，因为它受人的性别、年龄、阅历、性格、心态等很多因素的影响。所以，我们在与人交往的时候，千万不能简单地根据一个表情或者一个姿势来判断别人的真实意图，一定要综合考虑，把这些表情和动作与环境、性格、年龄等相关因素结合起来。同时，在我们自己分析一个人的微反应的时候，千万不要忽视社会习俗、文化背景、民族习惯、现场气氛等综合因素。

现在我们可以仔细地观察一下，一个人在生活中到底有什么样的微反应。也就是说，我们可以从哪些方面来研究一个人的内心反应。首先从整体来说，一个人的言行举止和身体姿态随时都会发出各种信号，向我们泄露他们的真实情绪、性格、品质、内心活动等；在谈话的过程中，人与人之间保持的距离也可以体现出一个人的性格、对对方所持有的态度以及两个人的亲密程度。比如，性格比较开朗的人，通常要比性格内向的人更容易与人接近，不会与人保持太大的距离。如果一个人对正在谈话的人比较抗拒，或是不喜欢，就会保持距离；而两个人的关系比较亲密，是好友或是爱人关系，彼此的距离就会近一些。

当然，一个人的面部表情和微观小动作更是其内心真实情感的直接体现。我们高兴时，就会保持微笑，不仅嘴角是上扬的，就连眉眼之间都带着笑意；我们受到惊吓的时候，眼睛会下意识地睁大，手部也会有些细微的动作，比如捂着嘴巴、双手握在一起等。这些细微的反应还可以体现在鼻子、耳朵、脚部、肩膀等身体部位。

所以，严格来讲，微反应是一个比较广泛的范畴，上面我们所说的面部反应，就是大家耳熟能详的微表情，而表情之外的身体动作就是微动作。我们也可以从一个人的语速、语调及说话时的情绪变化来感受其心理状态，这也是微反应的一种，可以说是微语言了。

总之，微反应是我们每个人都逃不掉的。为了减少与别人沟通的障碍，我们必须学会读懂这些微反应，利用这些有用的信息，更全面、更透彻地分析沟通的对象，如此才能始终掌握主动权。

2 微反应不是伪科学

很多人认为微反应并没有那么神奇，只不过是一些人夸张出来的伪科学。其实，如果一个人对微反应心理学不太了解的话，难免会产生这样的想法，认为微反应没有什么大不了的。

不过值得强调的是，虽然微反应并没有那么神奇，但它绝对不是伪科学。它是很多心理学家长期研究得出的结果，也经过了很多实践的证明。美国 FBI 就利用微反应心理学，通过捕捉对方转瞬即逝的表情动作，来洞悉对方的真实想法，判断对方是在说谎还是诚实的。

美国心理学家保罗·艾克曼在过去长达 40 年的时间里，一直在研究微表情。他通过研究发现，一个人只要仔细地观察，就可以通过微表情来识别别人的谎言，并且有些人天生就具有这样的本事。

美国芝加哥有一位被称为"谎言之眼（Eyes for Lies）"的女子，她通过看录像来分析犯罪嫌疑人的表情，并且总是能够看穿对方的谎言。有媒体报道，这名女子曾经协助警方办案四年，从来没有失误过。

所以说，通过微反应来判断一个人的内心是可行的。其实我们自己也可以做一个实验，那就是观察身边的人，他们惊慌失措的时候，身体会发生哪些反应；他们高兴的时候，身体会有哪些细微的动作。我们说，孩子是最不善于说谎的，也是最不会掩饰内心感受的。不妨观察自己的孩子，如果他们因为考试得了 100 分而得到了表扬，他们会有哪些反应？是眉开眼笑，或是手舞足蹈？是兴高采烈，或是笑容满面？虽然我们大人能够控制自己的情绪，但是一些细微的动作还是会显露出自己的好心情。

事实上，研究者通过大量的调查，认为身体动作所传达出的交际效果是语言的 5 倍。而当一个人的语言和身体动作不一致的时候，身体动作更能表达内心感受，更令人信服。著名的精神分析学家弗洛伊德就曾发现，一个病人绘声绘色地描绘自己的幸福生活的时候，会下意识地上下拨动手指上的戒指。医生根据她这种微反应进行了耐心的询问，结果发现她的生活并不幸福，有着种种苦闷和不如意。

于是心理学家认为，人们会想要伪装自己的内心和身体语言，但是由于这些微反应都是发自内心深处的，不受主观意识的控制，所以即便是想要伪装也伪装不了。比如，做了亏心事，人们就会心神不定，手足无措，眼神飘忽不定；听到好消息时，就会神采奕奕，露出笑容；说谎时，就会下意识地做出一系列小动作，眼睛不敢看着对方；激动时，就会手舞足蹈、兴奋不已；内心愤怒无比时，就会青筋暴起，或双拳紧握、咬牙切齿。

没错，很多微反应是不易伪装的，这是因为当一个人的大脑进行某种思维活动时，就会向各个部位发出各种信号，而各个部位就会不自觉地做出反应，这是人们不能控制的，很多时候就连自己都难以意识到。再善于伪装的人，再有自控力的人，也会在不知不觉中暴露自己的真实内心，只是暴露的程度和方式有所不同罢了。善于伪装的、自控力强的人的行为，仅仅是比平常人更加细微。只要我们学会利用自己的眼睛和大脑，通过观察、分析他们的小动作、微表情，就可以抓到问题的实质。

每个人都存在潜意识，这些微反应就是潜意识的体现，其中隐藏着性格、感情、想法、需要等很多东西，这些与人们通过微反应表现出来的外在形式构成一个人的整体。我们从一个人所体现出来的某一面，就可以判读其内在和整体。当然，我们必须考虑到各种因素的影响，否则就会犯"盲人摸象"的错误。

总之，微反应绝对不是伪科学，只要我们能够仔细地观察，客观地分析，那么就可以利用微反应窥探一个人的内心。

3 七情六欲流转于内心世界

花有花谢花开，人有七情六欲。每个人都有感情，遇到好事的时候就高兴、开心；遭遇烦恼的时候就悲伤、痛苦；受到惊吓的时候就恐惧、害怕、退缩……可以说，人的感情是丰富多彩的，也是与生俱来的。

当然，这些感情，或是快乐、或是悲伤、或是惊奇、或是害怕、或是生气、或是厌恶……都会通过不同的面部表情体现出来，所以人们常说，笑意写在脸上，欢乐留在心中。只要我们仔细地观察，读懂一个人的表情的含义，就可以清晰地看到对方的内心世界。

（1）悲伤时的表情

古人说，男儿有泪不轻弹。虽然流泪是伤心、悲伤的一种体现，但即便是没有泪水的表达，我们也可以从一个人的表情看出其伤心的程度。人们在悲伤的时候常常皱眉，以避免让自己的眼泪流下来。而悲哀、痛苦以及惊恐时，人们通常就会闭眼来掩饰自己的情绪，尽量不让眼泪流下来。

可是，人们控制眼泪的能力，只有在情绪不太强烈时才能起到作用，如果情绪太强烈了，就难以控制了。孩子是不会控制悲伤和眼泪的，他们难过的时候就会哭泣，嘴巴噘起来，而大哭的时候，则大张着嘴。成人悲伤的时候会控制自己，但是嘴唇会不自主地外翻，嘴角向下拉，鼻孔因受到牵引而张大。情绪过于激动的时候，还会出现出汗、脸色苍白、浑身战栗的情况。

（2）苦恼时的表情

一般情况下，当一个人苦恼时，面孔就会不自觉地拉长，面部肌肉松弛，最明显的表现就是两边脸垂下来。同时，眼睑、嘴唇也下垂，眉头紧锁。另外，由于两侧肌肉松弛，所以会出现眉眼倾斜的现象。情绪达到极点时，就会哭泣起来。而哭泣之后，额头就会活动，悲哀肌会自动收缩。这一表情就是人们常说的"愁眉苦脸""哭丧着脸"。

在现实生活中，如果你发现某个人有这样的表情，那么就说明他正在为某件事情苦恼着，正愁没有办法解决。这时候，如果你能够开解他，或是帮他解决问题，一定会赢得他的好感。

（3）高兴、喜悦时的表情

通常，人们遇到高兴的事情，会用笑来表达，而且笑的程度不同，喜悦的程度也有所不同。一般来说，内心有些愉快的时候，人们会面带微笑，即便不微笑，两眉也是舒展的，眼睛、鼻子、嘴角也都是上扬的，并且眼睛里会释放出愉悦兴奋的光彩。一个人开怀大笑的时候是最高兴的，而常常大笑的人则是非常开朗的。内向的人很少会开怀大笑，一般只用微笑表示高兴，或者窃笑、抿着嘴笑。

（4）不满时的表情

小孩子是最天真的，有不满就直接表现出来，没有丝毫的掩饰和伪装。所以我们会看到，小孩对某件事不满的时候，就会噘嘴，同时伴随着皱眉。虽然成人有时会控制自己的情绪，但是由于习惯的作用，也会用噘嘴来表达自己的不满。

一个人心怀不满的时候，眼睛也会有变化。当然，眼睛也会因不满的程度而有不同的反应：强烈不满时，眼睛怒视、怒目圆睁，伴随着鼻翼翕动；不那么强烈时，眼睛斜视，这时眼白多而眼珠小。生活中，我们时常看到一个人对着某人"翻白眼"，这实际上就是表示自己内心的不满；而内心仅仅有点儿不满，又不想让人发觉的时候，人们通常就会向下看，低头不语，脸色有些不好看。

（5）愤怒和激怒时的表情

愤怒也是人最基本的情绪，人们被惹到的时候，就会产生愤怒的情绪。除了大声地喊叫之外，我们还可以从面部表情看出一个人是否已经发怒，以及愤怒的程度。一般来说，当愤怒不那么激烈时，人就会因为心跳加速而脸色变红，眼睛瞪得很大，呼吸略快，还有嘴唇紧闭、眉头紧锁、眉毛上扬。

而当愤怒和厌恶达到更高程度时，它爆发的表现就是激怒的情绪状态。激怒时，心脏的血液运行加快，面色发红或者发紫，静脉血管扩张，额头上会暴起青筋，呼吸急促，鼻孔张开而发抖，并且紧紧地咬住牙关。还有的人会收缩双唇，露出牙齿，像是要咬人的样子。而实际上，激怒的情绪在生活中是很少见的，除非遇到了仇恨非常大的仇人。

（6）惊异、惊愕时的表情

遇到突发事件时，人们就会露出惊异的神色。如果受到的惊吓很大，就变成了惊愕。通常，惊异的表情是无法掩饰的，虽然有些人的惊异是稍纵即逝的，我们也可以从一瞬间读到。

当人们因为某事感到稍微吃惊的时候，就会微微皱眉，嘴巴张开成圆形，也有的人习惯用手捂住嘴巴。惊异程度较大的时候，人们眉梢会不自觉上扬，眼睛和嘴巴都张大，因此额头上也会堆积很多皱纹。一般来说，皱纹越多，表示惊异的程度越大。

惊愕的情绪要比惊讶程度高，表情与惊异大致相同，但是程度有些夸张。

（7）恐怖时的表情

恐怖的表情与惊愕差不多，只是通常是面对突发的、可怕的或是不好的事情而产生。

恐怖的表情最初为发呆，身体僵硬、呼吸减慢，本能地逃避目光接触，然后眉毛上扬、眼口张开。还可能伴随着毛发竖立、肌肉发抖以及冒汗的情形。

严重一些时，人们会出现暂时的呆滞，这时候，面色苍白、呼吸费力、鼻翼张大、嘴唇痉挛、面颊震颤、眼球突出、瞳孔放大。达到极度恐怖时，人们会不自觉地大声惊呼，惊慌失措，冷汗大滴往下落。

有时候，当恐怖来临，人们会不由自主地闭眼，或迅速用手遮住脸部或眼睛，以逃避自己所面对的东西。

（8）厌恶时的表情

当人们品尝难吃的东西时，就会引起胃部的痉挛，不自觉地呕吐。闻到难闻的气味，或是触摸到恐怖、令人反感的东西时，也会感到恶心不已。同样的道理，当一个人对某件东西产生厌恶之情时，也会出现类似的表情，比如撇嘴，张大嘴巴，不停地吐唾沫，或者深呼吸，严重时会有呕吐的动作。

当然，人们除了对不喜欢的东西会产生厌恶之情外，对于不喜欢的人也会如此。所以，我们在与人交往中，一定要注意分寸，观察对方的表情，不要做出让别人厌恶的事情而不自知。

人的情感是丰富多彩的，除了上面所说的几种情感还有许多许多，比如羡慕、喜爱、轻蔑、怨恨、惭愧等。不管是哪一种情感和情绪，都会不自觉地从表情中体现出来，我们需要仔细地观察人们面部表情的变化，透彻地洞悉其内心变化，从而在与人交往中掌握主动权。

4 人的表情常被矫饰和伪装

我们是不是时常遇到这样的情况：当我们认识一个新朋友的时候，会发现他时常微笑着说话，当你说话时他也是不断地点头，举止谦和。可是时间长了，我们却发现他只是习惯了脸上带着微笑，习惯了在所有人说话的时候都给予肯定。这并不意味着他的内心喜欢你或是他肯定和赞同你的说法，他只是在用微笑掩饰自己的真实想法。只要我们仔细地观察，就会发现，他虽然面带微笑，但是笑却没有融入心灵，眼睛里没有一丝笑意。虽然他不断地点头，但双手可能是环抱的姿态，身体可能是向后倾斜。而这些都反映出了他真实的内心想法，只是我们当时并没有发现罢了。

这样的人，其实在现实生活中并不少。当一个人脸上带着微笑的时候，我们会觉得他是一个温和可亲的人，可这笑里也可能藏着刀，这笑也可能是假笑、皮笑肉不笑；有的时候，我们结识了大方随和的人，从他脸上看不出自私、算计的表情，可深入交往后才发现，原来他是爱计较、比较自私的人。由于在社会上摸爬滚打的时间长了，所以他们习惯了伪装真实的自己，习惯了左右逢源，即便是脸上的表情都常常被矫饰和伪装。

曾经在电视上看到了一个男明星的演唱会，演出时全场爆满，观众和粉丝们热情高涨，挥舞着荧光棒，高喊着偶像的名字。这位男明星对观众也非常热情，始终带着笑容，还时常和场上的观众互动。可是，当镜头拉近的时候，我们却发现他的面部表情和他的眼睛并没有保持一致。

尽管他满脸都洋溢着笑容，嘴角也是上扬的。但是显然，这是经过训练的、最标准的微笑。我们时常会在一些服务人员的脸上看到这样的笑，标准却没有感情。尤其是那双眼睛，一点笑意都没有，甚至可以看到目光是严肃的、一本正经的。

我们时常说"眉开眼笑"，一个人眼睛和脸一起笑，眼神中荡漾着笑意，那么他的心必然也是快乐的；可是如果他的眼睛并没有和脸一起笑，那只是皮笑肉不笑。这样的笑是虚伪的，有目的的。或许这个明星就是为了演唱会的成功而迎合粉丝，为了塑造自己美好的形象，或是已经习惯了在公众场合带上微笑的面具。

孔子曾经对弟子们说："以貌取人，失之子羽；以言取人，失之宰予"。虽然从一个人的言行举止以及细微的表情可以推测其内心的真实想法，但是人们的外在表现往往是经过矫饰和伪装的，还会受到性格、阅历等因素的影响。正因如此，我们在与人实际交往的过程中，要学会察言观色，观察他们日常行为中的微反应，这样才能知晓其心态、情绪，分辨出他们是真情实感还是虚情假意。

虽然很多人善于矫饰和伪装自己的表情，但是大多数微反应不受主观意识的支配，是下意识的。一个人越是想要伪装自己，身体语言就越会暴露自己；越是想要通过语言掩饰事实，就越是容易被微表情出卖。在不经意间，真实的表情也会飞快地掠过脸上，或者出现在眼睛里。这种短暂的瞬间表情，是无法隐藏的，随时会跳出来揭穿人们的伪装。

而细节就是他们伪装下最容易流露出的真实。我们应该多用心一些，学会观察和读懂人们的微反应，分辨出他所表现的是真实的自我还是伪装下的另一副面孔，以免在与人交往中获得错误的信息。

5 瞬间流露的，往往最真实

西方心理学家弗洛伊德曾经这样说过："任何人都无法保守他内心的秘密。即使他的嘴巴保持沉默，但他的指尖却喋喋不休，甚至他的每一个毛孔都会背叛他！"由于各种各样的原因，人们在与人交往时，不会完全说出自己的真实想法，还会想方设法来掩饰自己内心的真情实感。但是不管他想要怎么掩饰和控制不将内心的秘密显露出来，那些瞬间流露的表情和动作还是会出卖他。

可以说，或许一个人的语言和表情可以骗得过别人，但是不经意的小动作或是短暂的瞬间表情，就算是被隐藏了，也会揭露他的谎言。事实上，这些反应和动作往往是下意识的，往往一闪而过，持续时间仅仅有 1/4 秒，更短的则只有 1/25 秒，可就是这些持续时间很短的表情，却表现出人们最真实的内心状态。

瞬间流露"真情"的一个最常见的表现，就是一个人说谎的时候会下意识地出现一些小动作。小孩子不小心说出了自己不想说出的话，就会马上用手捂住嘴巴，然后不好意思地笑笑。而成年之后，人们会控制自己的手部动作，可即便是不用手去捂嘴巴，也可能会用其他方式来偷偷地"捂嘴"。比如，有些人所说的话言不由衷的时候，会假装咳嗽，然后用手捂住自己的嘴巴；有些人说谎的时候，则会假装打哈欠，然后自以为不着痕迹地用手捂嘴巴，眼睛则因为心虚而偷偷地观察对方的反应，看其是否识别出了自己的谎言。另外如果你看到有些人说话的时候用手托住下巴，然后不时地用几根手指半遮住嘴巴，那么表示他说的话可能是假的，是在故意说谎。

不管一个人用哪一种方式来下意识地遮住嘴巴，它都在传达着这样的信息：我不能让他看出我在说谎；我没有说真话，我不能让他发现。所以，我们在和对方说话的时候，一定要留意对方瞬间流露出的下意识的小动作，仔细分析其背后的深意。

同时，很多时候眼神的变化是稍纵即逝的，很不容易被人察觉。可眼睛却又是最能体现我们情感的一扇窗户。有心理学家说："在所有的面部表情中，眼神是最生动、最复杂、最微妙也最富有表现力的一种。"

可以说，我们的内心世界都可以通过眼神的千变万化表现出来。我们可以根据一个人眼神的变化，来判断其情绪的变化，或是探知其内心的秘密。比如，在与人谈话的过程中，如果某个人不想谈这个话题，那么他的眼神就会游离不定；如果一个人对于某件事情感到担心或是害怕，眼神就会慌乱，或是下意识地躲避对视。

史书《三国志》中有一个诸葛亮根据一个人眼神的短暂变化，识别其杀手身份的故事，这个故事就足以证明上面的道理。这个杀手非常善于伪装，在和刘备交谈的时候气定神闲、侃侃而谈，没有任何慌乱的神色，甚至还被刘备当成是非常有才能的人。可看到诸葛亮进来的时候，他就开始心虚了，眼神中闪现了畏惧、慌乱的神色，虽然这情绪只有一瞬间，却被诸葛亮看了出来。当这个人托辞上厕所的时候，诸葛亮就对刘备说："这个人一看到我，就神情畏惧、慌张，完全没有之前的正气。他一定不怀好意，是来刺杀主公的。"果然，诸葛亮的判断没有错，当刘备派人去追的时候，那个人已经跳墙逃走了。

可以说，通过瞬息的眼神变化就可以窥探一个人的内心，判断这个人究竟是好还是坏。因为眼睛就是心灵的窗户，即使是转瞬即逝的眼神，也能泄露心底深处的秘密。

不仅仅是眼神，其他微表情、微反应也是如此。我们知道，惊奇、惊讶、恐惧的表情是短暂的，很多善于控制自己的人可能会让这些情绪维持不到几秒，但是我们仔细观察的话还是可以看得出来的。前面我们说过，人们惊讶的时候眉毛会不自觉地上扬，瞳孔增大；在惊喜的时候，还会出现眉毛闪动的情况，眉毛先上扬，然后瞬间降下来。它通常是和扬头及微笑一起出现的。眉毛闪动虽然是瞬间的，但是只要我们仔细观察，还是可以发现其端倪。

在生活中我们会遇到这样的情形：两个久未见面的同学在路上偶遇的时候，他们很远就认出对方，随后猛地抬头，眉毛很快上扬，表示遇到熟人的惊讶。然后他们会低头，回避对方的目光，避免认错人，同时控制自己的情绪变化。当两人走近时，他们就会和对方对视，试探自己是否认错了人。当他们发现没有认错的时候，就会紧紧握手、微笑，或轻或重地拍对方的肩膀，然后寒暄许久。

越是瞬间流露的，就越是最真实的，所以在与人交往的时候，不要放过每一个人瞬间的微反应。

6　观人于细微，便可察人于无形

曾经有部非常火暴的美剧 Lie to Me，相信很多人都不陌生，甚至还有很多人学着主人公，想要通过分析一个人的脸、身体、声音和话语等细节反应来分辨别人的谎言，从而察觉人心的真相。这部剧虽然有夸张的成分，但道理却是真的。

在人际交往中，人们通常会戴上面具，再加上各种不确定的因素汇集在一起，所以给读人、识人增加了难度。但是，即便是城府再深的人，也有表露内心真实想法的时候，也有真情流露的时候，而表露内心最直接的方式，就是一个人的性格脾气。所以我们如果想要看穿人心，不但要听其言观其人，更要看他的为人处事、德行品质。

我们需要通过一个人的言行举止，走进他内心的最深处。这便是观人于细微，便可察人于无形。

首先是语言。人们常说"言为心声"，语言是一个人内心想法、心理状态的外在表现。因此，一个人所说的话，无时无刻不流露出内心深处的秘密。

比如《红楼梦》中，王熙凤的出场就给人留下了深刻的印象——她的人还没有出现，声音却早就传了进来："我来迟了，不曾迎接远客！"平时她说话爽快干脆，直言直语，没有一丝拖泥带水。通过她的语言，我们便知晓了其性格：泼辣豪爽、干练精明，眼里容不得沙子。正因为如此，她才得了凤辣子的名号。

语言可以体现一个人的性格和内心，所以人们经常采用"闻声识人"这样的办法来判断一个人的性格及心理特点。孔子就曾根据弟子的说话方式和语言特点来了解其内心世界，并据此来预言他们的作为和成就。所以说，语言在洞悉他人内心方面的作用是不可忽视的。

除了语言，一个人的行为举止也是他内心世界的一面镜子，折射出了他的心理状态。我们可以通过观察一个人的行为举止，来洞察隐藏在行为细节背后的内心秘密。虽然行为举止是可以伪装的，但即便是伪装得再巧妙，也会露出破绽。所以，古人才会说"身随心动"，一个不经意的小动作就会透露出人们的习惯和心理状态。在电影《列宁在一九一八》中，克里姆林宫的卫队长打入了敌人内部，由于善于伪装，他并没有被敌人发现。可是，当他突然听到敌人要刺杀列宁的时候，就不由自主地站了起来，脸上出现了惊恐和关切的神情。就是这个下意识的动作，让他暴露了身份，使得卧底的任务失败。

事实上，懂得看人识人的高手，在与别人交流的时候，即便只是通过一些细节，也能懂得别人表达的意思。比如，人们在注意力高度集中时会情绪紧张，注意力分散或感到枯燥无味时会情绪松懈。听众在演讲进程中，微笑和点头的次数减少，眼睛不看发言者，或是脑袋扭向另一方向，都暗示了他对演讲者的话题失去了兴趣，走神了。这时候，演讲者就要想办法吸引其注意。

同时，懂得看穿人心的高手，通过观察一个人的兴趣爱好，也可以摸清对方的心理"底牌"。因为兴趣爱好和一个人的性格息息相关。比如，从对于音乐的喜好就可以看出一个人的性格倾向：喜欢古典音乐的人，性格大多理性、严谨。在思考问题的时候，他们都是比较缜密的，考虑问题也非常周全。另外，他们比较内向，沉默寡言，不愿意与人交往，所以他们的内心往往很孤独寂寞。而喜欢摇滚乐的人，内心比较奔放，具有很强的表现欲。他们的性格比较矛盾，非常自信，但同时也很自卑。为了掩饰自己的自卑，他们往往会随心所欲、高调做事。有时候他们是迷茫的，不知道自己真正想要的是什么，所以只能用重金属式的音乐来驱赶内心的迷茫和孤独。

细节是最容易被人忽视的，但也是不能被忽视的。它们都是一个人下意识的举动，也正是因为如此，细节才是最真实的，最不具有欺骗性的。所以我们要观人于细微，如此才能察人于无形。

7　读懂微反应，读人读到心坎里

人心并不是深不可测的。不了解人心，不管你走到哪里都只能碰壁，受制于人。好在一个人的面部特征、表情和言行举止等都隐藏着性格、情感和心理状态的密码。我们只要和中医把脉一样，

"望闻问切"，就可以真正地摸透他人。

可以说，读懂微反应，看懂别人的心，特别是看懂那些初次见面的人的心，说难也不难，说简单也并不简单。人们的微反应是非常丰富的，有研究者认为，仅仅是人的脸能做出的表情大约就有25万种，比如眉飞色舞、横眉怒目、龇牙咧嘴、目瞪口呆、愁眉苦脸，等等。这些表情就是人们内心信息的外在表现形式，向我们透露着他人的内心，我们只有读懂这些微表情，才能读人读到心坎里。

比如在《围城》中，赵辛楣喜欢苏小姐，但是苏小姐并不喜欢他，而是爱方鸿渐，可是方鸿渐又不爱苏小姐，于是她赌气嫁给了曹元朗。曹元朗是又老又丑又呆的人，被大家取笑为"四喜丸子"。这样的关系是尴尬的，所以当大家谈论苏、曹两人的婚事时，赵辛楣只是"笑而不答""眼睛顽皮地闪光"，用幽默的话语和丰富的表情缓解了尴尬，使谈话场合的诙谐气氛更加浓烈。

再比如，在拥挤的餐厅，你不得不与人拼桌时，会下意识地看正坐着吃饭的人，当他也正在看你的时候，你可能会笑一下。这笑的含义可能是"没办法，我只能坐在这里，因为别处没空位了。""不好意思，打扰了。我想在这里挤一挤。"如果对方不介意，就会回报以笑，或是轻微地点头；可是如果对方介意的话，或许就会皱眉头或是脸色有些不好看了。同样，当公共汽车紧急刹车，你撞在另一位乘客身上时，会微笑着表示抱歉，而对方通常也会微笑着表示不介意。

当你和别人打招呼的时候，也可以从对方打招呼的方式来看他的内心。即便是一个简单的动作，也给了你了解对方真实想法的机会。如果对方眼睛注视着你，握手的动作并不积极，说明对方有戒备之心，同时想在这次见面中占据主动地位；如果对方不敢抬头看你，眼神比较闪烁，说明这个人内心是非常自卑的，不太敢与别人交往。

在握手的时候，如果对方用力地握住你的手，并且整个手包住你的手，说明他比较热情、主动，对自己非常有信心；可如果对方握手的力度比较小，有些唯唯诺诺，那么他就是性格比较脆弱的人。

一个人的很多微反应都有特定的潜台词，我们可以从他的举止来看他的潜台词。比如，双手交叉环在胸前表示自我保护意识很强，对对方有抵触心理，并且表示可以随时反击的意思；视线始终无法集中在对方身上，一旦和对方对视就会下意识地收回自己的视线，这样的人通常都是内向的，内心非常自卑，不善于交际，更不相信自己。

当然，我们需要注意的是，不同性格的人，即便是同样的情绪，表现也会有所不同。比如遇到高兴的事情，开朗的人可能开怀大笑，而内向的人则可能抿嘴笑笑，抑郁的人就可能是苦笑了。

总之，这些微反应是我们内心情绪和真实想法的体现，同时我们也可以根据对方的微反应来读懂他的内心。但如果一个人刻意地掩饰，并且产生了戒备心理，那么我们想要判断出他心里的真实想法，就有些难度了。

第二章 掀开人性外衣，带你走进内心世界最底层

　　一个人不管多强大，他的思想也是由三个部分构成的：他想要的东西，他相信的途径以及他的做事方法。所以，只要能把人性解码，就很容易引导他们做出我们想要的行为。

1 人性尤为复杂，而且相当隐蔽

生活中，很多人为了迎合别人的期望，为了给别人留下好的印象，会刻意改变自己的外表、行为和语言，来隐藏自己的真实性情。而等到熟识之后，取悦对方的欲望就会消失，从而恢复他本来的面目。

我们要知道，人性是复杂的，并且相当隐蔽。我们在短时间内只能看别人的外表、行为，根本无法知晓一个人的本性。况且，有些人还是善于伪装的，如果遇到了善于伪装的人，那么识别人性就更加困难了。如果我们没有高明的读人识人技巧，就根本无法看透假象，无法做出正确的判断。

所以在日常生活中，我们应该懂得全方位地、从里到外地观察一个人，把人看到骨子里，才能知晓其真实的面目和性情。简单来说，就是从外貌、性格、品质、行为、德行等多方面进行考察。

古人早就指出，看一个人是否有才要看三个阶段，小时候是否聪敏而又好学，青年时是否勇猛而又不屈，老年时是否德高而能谦逊待人。满足了这三个条件，即可以说是有才能的人，足以成就大事、安定天下。可是，识别人性要比识别其才能更加难。有才能的人并不一定正直，如果是奸伪之人，那么越是有才能的人就越会制造社会混乱。所以古人识人第一看品行德行，第二看才能。

比如晋文明皇后用人就是从日常生活的品行、举止来看的。当时钟会虽因才能出众而被任用，但文明皇后一眼就识破了钟会的本质。她经常告诉晋帝说："钟会见利忘义，好造事端，如果对他太过宠爱，必定会给朝政和国家造成混乱。皇上不可以太过重用这样的人。"果然如文明皇后所言，钟会后来起兵造反了。

由此可见，看穿人性之所以难，并不在于识别一个人是聪明还是愚笨，是有才华还是平庸，而在于识别其到底是虚伪还是诚实，到底是真心还是假意。因为每个人的内心都是不一样的，和每个人的面目一样千差万别。我们或许可以识别一个人，却很难用同一方法识别其他人。人们常说人心就是一个无底洞，比险峻的高山和汹涌的江河还危险，比多变的天气还难以捉摸。

在与人交往中，我们不仅要从里到外、由里及表地看清一个人，透过一个人外在的言行举止来看透其本质，更要运用自己的智慧，灵活地与人打交道，切不可让外在表现出来的"美好"迷惑了眼睛。

2 只有看穿人心，才能做对事情

很多时候，人们之所以做不对事情，最重要的一点就是不善于识人，无法看穿他人的内心，不懂得别人内心真正的需求。实际上，一个人内心的真正想法从其言语和动作细节中可以体现出来。

只是有些人只看表面现象，单凭自己的感觉来判断，以至于无法准确地识别他人的内心。所以，我们不仅要认真地分析他人的话中之意，还要分析其言外之意，同时，还要仔细捕捉一些相关的微反应。如此，我们才能揭开人性的外衣，走进他人的内心世界，从而做对事情，达到自己的目的。

我们不妨来看这样一个故事：

刘经理手下有一个职员，虽然只工作了一年，但是表现很不错，如果继续做下去肯定能升职。可令刘经理没有想到的是，这个职员竟然提出了辞职。刘经理接到辞呈之后，想要挽留他，于是约他到一家饭店吃饭。他对职员说："小李，我们来喝一杯，这里不是公司，我也不是你上司，我们就当彼此是朋友，交交心。你提出了辞职，是不是找到了更好的出路？其实，我们公司平台也不错，只要你肯好好干，就一定有前途的！"

职员说："不！我只是对现在的工作没有信心……"

刘经理没等他说完，就打断他说："只是这样吗？这没有什么大不了的。你要知道，所有人进入公司一段时间后，都会对工作失去信心，因为新鲜感已经过去了。如果你这个时候放弃了，之后做什么事情都不会有信心的。你应该想办法克服这个困难……"

刘经理滔滔不绝地说出一大段道理，可是这个职员却没有再说话，一直独自喝着酒。可想而知，刘经理并没能留住这个职员，因为他并没有看透职员的真正心思。职员对工作失去了信心，可能是遇到了什么困难，也可能是对于薪酬不满的托词，更可能是这个职位不能满足他的需求……总之，职员提出辞职真正的原因有很多，而刘经理没有深挖其真正原因，更没有从职员的表现看出他对自己的谈话心不在焉，只顾一厢情愿地说个不停，结果只能是徒劳了。

我们在与人对话和交流时，不管目的是什么，第一步都应该是透视对方，看穿其内心的真实想法。只有看穿了人心，知道对方真正想要的是什么，然后想办法对症下药，才能达到自己的目的。可生活中，有很多和刘经理一样愚蠢的人，他们在说服别人的时候，只在乎自己的想法，却不懂得研究对方的内心，更不懂得观察对方对于谈话的反应，以至于永远也得不到别人的认同。

就像著名演讲大师卡耐基所说的那样："即使你喜欢吃香蕉、三明治，但是你不能用这些东西去钓鱼，因为鱼并不喜欢它们。你想钓到鱼，必须下鱼饵才行。"事实上，最高明的人，不是口才好的人，而是善于看穿人心的人。他们运用的不是什么话术，而是心理战术。

不妨再看另外一个故事，看看宋小姐是如何说服他人的：

宋小姐是一家房地产公司的总裁助理，想要说服一位著名的设计师为公司设计大型园林项目。但是这位设计师脾气比较古怪，且性情清高孤傲，一般人很难请得动他。为了完成任务，宋小姐事先做了一番功课，了解设计师的喜好、脾气，知道他喜欢作画，宋小姐便花了几天工夫了解了关于国画的知识。

果然，宋小姐到设计师办公室的时候，设计师非常冷淡，直接就拒绝了邀请。宋小姐装作毫不在意，反而欣赏起房间中挂着的一幅水墨画。她对设计师说："这幅画很有清代山水名家石涛的风格，不知道是哪位画家的名作？"设计师见她懂画，便来了兴趣："哪是什么名家作品，只是我个人临摹的。"宋小姐看设计师的反应，知道自己的话引起了他的兴趣，便继续谈论关于国画的事情，还顺便恭维了设计师几句。经过一番交谈之后，宋小姐看到设计师对自己改变了态度，于是便要告辞，谁知设计师竟然主动答应了她的邀请。其实，这并不出乎宋小姐的意料。因为她懂得看穿人心，并借着话题打开了设计师的心扉，自然就达到了目的。

　　其实，人性最本质的驱动力就是希望自己具有重要性，让别人尊重和重视自己。只要你懂得了这一层含义，了解其需求和渴望，自然就不会遭到拒绝了。很多人觉得与人交往困难重重，找人办事非常困难，那是因为他们并不懂得看穿人心，更没有琢磨透人性。

3　红脸、白脸背后都可能是另一张脸

　　生活中，我们在解决矛盾的时候，时常一个唱红脸一个唱白脸，即一个人充当友善的令人喜欢的角色，另一个则充当严厉的

令人讨厌的角色。其实，这种说法是从中国传统戏剧中演变而来的。因为在戏剧中，一般会把好人打扮成大红脸，表示正直、忠诚，比如关羽；而把坏人打扮成大白脸，表示奸诈、虚伪，比如曹操。

事实上，从心理学上来说，脸颊颜色的改变和心理状态及情绪的变化是分不开的。通常来说，脸红是人们感到羞愧、腼腆时的一种表现。比如，女孩子看到心仪的男孩子就会脸红，内向的人在公众场合讲话就会脸红。另外，长时间激烈地哭叫过后，也会脸红。

一般来说，年轻人比老年人更容易脸红，女人比男人更容易脸红。另外由于小孩做事情多遵循自己的本性，没有什么特殊的心思，更不会像大人一样掩饰自己的情绪，所以极小的幼儿不会脸红。

一个人脸红的时候，会因个人具体情况而在红的部位上表现出不同。一般人只是面颊绯红，会因为情绪激烈程度的不同而有所差异。而有的人非常容易脸红，程度强烈的时候，可以红到耳根，或者耳朵也变红。在生活中，我们可以看到有些人在感到害羞和尴尬的时候，连耳朵也一起泛红，甚至颈部也会泛红，甚至有极少数人的脸红可以蔓延到整个上半身。

事实上，容易脸红的人多是心理素质比较差的，他们非常在意别人的看法，一旦遇到别人评价和谈论自己的时候，就会出现一种紧张或激动的情绪，从而导致心跳加快，毛细血管扩张。这种反应是不受意识控制的，所以对于我们来说，这是一件好事，因为我们可以从对方脸红的表现发现其内心的真实情感。

英国一位名叫雷·克罗泽的心理学教授则认为，脸红是一种强制执行社会规范的手段，通过脸红，我们可以告诉别人，我们意识到了自己的错误。也就是说，脸红是我们对所犯错误表示歉意的一种身体语言。比如，当一个孩子说谎的时候，就会因为紧张和害怕而脸红。实际上，他已经知道了自己的行为是错误的，并且内心感到愧疚，所以才会担心被骂。

除了脸红，面颊还会发青、发白等。文学作品上常常通过描写人脸色的变化，来表现其情绪的变化。比如，人感到愤怒的时候，强忍着不发作就会脸色发青；人受到惊吓或是受到了强烈的刺激时，脸色就会变得苍白起来。

也就是说，脸红、脸白等面颊颜色的变化，就是我们内心变化的表现。面颊也可以被修饰，比如涂脂抹粉可以掩饰脸色的变化等。同时，在戏剧上，为了刻画人物的内心或是性格，人们通过改变角色的脸色，来让人一眼就能看出好坏。

4 深剖个体基本心理需求——自尊

心理学家认为，每个人内心深处都有最基本的需求，最低层次的是满足温饱的需求，就是说只要不挨饿不受冻，可以活下去就可以了。而除了温饱，还有性和其他生理机能的需求。

提出这一理论的美国心理学家马斯洛指出："无疑，在一切需要中，生理需要是最优先的。这意味着，在某种极端的情况下，即一个人生活上的一切东西都没有的情况下，很可能主要的动机就是生理的需要，而不是别的。一个缺乏食物、安全、爱和尊重的人，很可能对食物的渴望比别的东西更强烈。"

同时，按照需求的层次，人们内心深处还有安全需求、社交需求、自尊需求以及自我实现的需求。这里我们需要剖析的是个体基本的自尊需求。每个人都有自尊，都渴望得到别人的尊重、肯定和正面的评价，即便是刚出生的小孩子也是如此。我们时常看到出生几个月的孩子，如果你对他笑他就会兴奋起来，如果你对他皱眉他就会情绪低落。其实这就是渴望得到肯定的体现。

当然了，成人身上存在着更强烈的自尊，希望自己是有价值、有能力的，是受到别人肯定和赞扬的人。如果得到了别人的肯定，他就会感到满足和自信，否则就会自尊心受伤，感到失落和自卑。如同马斯洛提出的："社会上所有的人（病态者除外）都希望自己有稳定的、牢固的地位，希望得到别人的高度评价，需要自尊、自重或为他人所尊重。牢固的自尊心意味着建立在实际能力之上的成就和他人的尊重。这种需要可分成两类：第一，在自身所处的环境中，希望有实力、有成就、能胜任和有信心，以及要求独立和自由；第二，要求有名誉或威望（可看成别人对自己的尊重）、赏识、关心、重视和高度评价。"

因此，在人际交往中，我们应该了解并剖析他人的这种需求，想办法满足他内心的需求，如此才能受到别人的欢迎。在兵法中有一招叫作"激将法"，它就是利用刺激对方自尊心的方法，把其强烈的好胜心激发出来，从而达到自己的目的。这种方法包括富有刺激性的语言，也包括某些具有挑衅意味的行为。总之，就是让对方的情绪冲动，然后对方按照自己期望的方向去做事。

三国时期诸葛亮劝说孙权、周瑜投降曹操的计策，可以说是巧用"激将法"的典范。

当时曹操大兵压境，刘备和孙权都岌岌可危，诸葛亮奉刘备之命到江东劝说孙权联合抗曹。在鲁肃的引荐下，诸葛亮见到了孙权，见孙权紫髯碧眼、威风凛凛，且言语中有看不起自家主公的意思，自知很难说服，便决定用激将法。孙权问："曹操有多少兵？"诸葛亮答："马步水军，共100余万。"孙权有些不相信，认为诸葛亮故意夸大。诸葛亮说："曹操平河北、夺荆州，兵力不下150万。我只说100万，只是怕吓到江东之士。"

鲁肃听后大惊失色，向诸葛亮使眼色，可诸葛亮却假装看不见。孙权又问："曹操部下有多少战将？"诸葛亮说："足智多谋之士，能征惯战之将，不少于一两千人！"之后，孙权询问诸葛亮是战是和，诸葛亮说："官渡之战后，曹操威震天下，如今已无人能与其抗衡。将军您要量力而行，如果能与他抗衡，就应早与其绝交；如果不能，何不早些投降？"

孙权说："既然如此，刘豫州为什么不投降？"诸葛亮说："当年的田横，不过是齐国之士，尚能笃守节义，不甘受辱，更何况身为王室之胄、众人敬仰的刘豫州。大业不成，是天意，又岂能屈居人下？"孙权听后，愤然离席。

众人都笑诸葛亮不会说话，鲁肃也埋怨他蔑视孙权。诸葛亮这时才说自己有破曹良策，随后，孙权再次与诸葛亮相见，并设酒宴款待。

周瑜是江东的主战派，可诸葛亮在与其相见时，却故意劝其投降。诸葛亮明知大小乔是孙策和周瑜的夫人，却故意说："我有一绝妙之计，既不用割让土地，也不用贡献酒肉，只需派一名使者，给曹操送两个人，曹操自然会退兵。"周瑜不解，问道："哪两人？"诸葛亮说："我在隆中时，就听说曹操建造了一座金碧辉煌的铜雀台，收罗天下美女。曹操好色，很早就听说江东乔公有两个女儿，大乔和小乔，便发誓说'我生平有两大愿望，一愿扫平四海，成就帝业；一愿得江东二乔，收于铜雀台，以享天年。'将军为什么不说服乔公，或是用千金买下大小乔，送给曹操？"

此时，周瑜脸色铁青，却不好发作，问道："先生有什么凭证？"诸葛亮说："曹操的小儿子曹植，才华横溢，下笔成文。曹操曾经命他写了一篇《铜雀台赋》，此赋便表达了这个意思。"随后，诸葛亮背诵了《铜雀台赋》。当周瑜听到"揽'二乔'于东南今，乐朝夕与之共"时，愤怒地骂道："老贼欺人太甚！"诸葛亮故意不解其意，询问其愤怒的缘由。鲁肃说："先生有所不知，大乔是孙伯符（即孙策）的夫人，而小乔是周将军之妻。"诸葛亮佯装请罪说："我确实不知此事，信口胡说，真是死罪！"

愤怒之下，周瑜说："我与曹操老贼誓不两立，希望先生能帮助我破曹。"自此，孙刘双方达成了联盟。

俗话说"劝将不如激将"，就是这个道理。因为每个人都有强烈的自尊心，一旦内心深处的自尊心和荣誉感被激发出来，人们就会想办法维护自己的自尊心。每个人都会维护自己的自尊心，希望获得别人的尊重，不想被别人看不起。所以，只要我们抓住了这一点，就可以顺利地操纵人心了。

当然，我们应该注意，即便是某些共同的欲望，不同的人因为性格、身份、出身的不同而有所不同。我们需要根据每个人的特点进行分析，善加利用。同时，刺激别人的自尊心，需要把握好尺度，不能太过分，否则就会真正惹怒对方，以至于得不偿失。

5　不是每一种笑都那样美好

笑是最美好的表情，也是世界上最动听的语言。一个微笑可以化解陌生人之间的距离感，一个微笑可以给予人足够的鼓励和支持，而笑也体现了一个人内心的愉悦和肯定。可是，笑分为很多种，有微笑、轻笑、大笑；有抿嘴笑、张口笑、哈哈大笑、呵呵笑；有爽朗的笑、正直的笑、赞美的笑、甜蜜的笑；还有痛苦的笑、苦闷的笑、冷漠的笑、奸邪的笑、嘲弄的笑，等等。

总之，在我们的现实生活中，笑是姿态万千的，包含的内容也是丰富多彩的。然而，并不是每一种笑都是那样的美好，笑也并不意味着一个人的内心真的是欢愉的。有些笑容是经过粉饰和伪装的。比如，有些人悲伤的时候会笑，这是他们掩饰悲伤的很好的方式；有些人心怀不轨的时候也会笑，这样的笑则是"笑里藏刀"。

小风和小周是一同进入公司的，平时相处不错。小周是比较热情的人，对谁都是乐呵呵的，小风便把他当成最要好的朋友，一起上班下班，一起商量怎么进步。后来，公司制定了一个奖励措施，谁的业绩连续半年第一，就可以得到升职的机会。小风非常希望得到这个机会，而小周则看起来并不在乎，还每天鼓励小风加油。于是，小风每天疯狂地跑业务，绞尽脑汁地联系客户，有时还会把自己的情况告诉给小周，希望他提出不错的建议，小周每次都笑着回答小风的问题，指出他的不足。可是到最后，小风却发现获得升职机会的人竟然是小周，原来，小周表面上并不在乎升职，还鼓励和支持小风，私下却利用小风的信任撬走了客户。这时候小风才发现，尽管小周时常满脸笑容，却没有一丝的真诚和真心，这笑容中带着很多算计和虚伪，只怪自己没有及时发现。

所以笑并不一定表示欢愉，不同的笑隐藏着不同的含义和内心情感，我们需要撕掉它的伪装，才能猜透他人的内心。那么，不同的笑又泄露了一个人心底的哪些秘密呢？

大笑通常见于人们非常开心或是心情非常激动愉悦的时刻，这时人们会露出牙齿，发出朗朗笑声；含着泪笑，说明人的情绪非常激动，也可能是有苦难言的一种流露，或是悲伤中感到欣慰；如果一个人露出笑容以后，随即收起，或是微笑后立即沉下脸来，说明这样的人心思非常重，不善于表现自己的内心。对于这样的人，我们千万不要轻易接近，更不能掉以轻心；与陌生人相遇或相撞时，露出微笑是礼貌的行为，另一方面也是表示歉意，表示自己没有敌意。微笑是友好的体现，也包含着很多含义，因为环境不同而含义不同。比如，人们尴尬的时候会微笑，拒绝的时候也会微笑，肯定的时候更是会微笑。

值得注意的是，很多时候，人们的内心明明是不高兴的，却不愿意表现出来，想要用笑来掩饰自己内心的痛苦，这样的笑就是"强颜欢笑"。通常人们在"假作"或"强作"微笑的时候，会因为眼睛或瞳孔传达出来的信息而泄露秘密。因为一个人真正开心的时候，瞳孔会放大，眼睛就显得有神，而强颜欢笑的时候，会目光迟滞、眼神暗淡。

男性和女性的笑意义不同。男性在掩饰自己的感情时，通常会微笑；而女性微笑则可能是为了掩饰自己缺乏自信、实力不足。在男性与男性谈话的过程中，微笑是润滑关系、活跃气氛的手段，而女性之间或男女之间谈话时，女性露出微笑则会让谈话中断。

除此之外，还有一些并不是代表好意的笑。比如，老谋深算的人，时常会露出算计的微笑和虚伪的笑容。这样的笑通常就是皮笑肉不笑，嘴唇完全向后拉，不自然地抿着。再比如有些人为了某种目的会虚伪地讨好或是恭维他人，这时他们就会满脸堆着笑，眼睛眯成一条线，这样的笑就是谄笑了。当然，还有狞笑、奸笑、轻蔑的笑，等等。

笑并不一定都是美好的，所以我们应该细致地分析他人笑的具体含义，这样我们才能揣摩到一个人内心深处的真实想法，才不会被别人虚伪的笑蒙蔽。

6 狠挖大众普遍心理——自私

人性里有很多缺陷，自私就是大众普遍具有的心理缺陷，也是人性中的弱点。那些自私的人只想着自己，不会顾及别人的感受。他们以自我为中心，口头上关心和爱护他人，但是涉及个人利益的时候，不会做出让步。自私的人对生活没有热情，认为人与人之间只有利益。

可以说，自私的人是可恶的，也是可悲的。因为人们会对这样的人敬而远之，没有人愿意和这样的人交往。所以，他们也是孤独的。那么，我们如何看穿一个人自私的面目呢？

心理学家认为，在与人谈话的时候，如果一个人喜欢抖动腿脚，那么他很可能就是自私自利的人。即便不抖动腿脚，他们也时常会用一只脚的脚尖去磕打另一只脚尖，或是不时地用脚掌拍打地面。他们不会顾及别人的感受，不管做什么事情都只从自己的角度出发。只要是对自己有利的事情，他们就会毫不犹豫地去做，不管是否侵害别人的利益。

生活中，我们会遇到这样的人：他们不分时间地点地给别人打电话。只要是有事情，就会直接拨通对方的电话，不管时间是不是太晚了，不管对方是不是不方便接电话。如果对方不接电话，他们还会心生抱怨。这样的人只会考虑自己高兴不高兴，绝不会考虑别人的心情。所以这样的人是非常自我并且自私的人。

还有些人非常喜欢插队，在银行办理业务、在公交站排队上车、在超市结账……只要是遇到人多的时候，不管队伍排得有多长，不管别人怎么看，他们就是喜欢插队。其实这样的人是最没有素质和教养的，或许他们有很多理由，比如时间太赶了，自己太着急了。但其骨子里就是自私的人，只顾着自己方便，从来不考虑自己的行为会给别人带来不便。

插队的另一种形式就是在开车的时候插队。我们时常会看到，原本道路已经非常拥挤了，可还是有人自作聪明，想要寻找空隙插到前面去。他们不管别人排了多少时间，也不管这样做是否会让交通更拥堵，只为了自已方便而做出违反公德的事情。

另外，在公共场所吸烟的人也是非常自私的。二手烟的危害是人尽皆知的，但是有些人却毫不在乎别人的想法，在公众场合甚至狭小的办公室和餐厅里抽烟。即便身边就有禁止吸烟的标志，他们还是视若无睹。

总之，自私是人性中恶劣的一面，生活中也存在着很多自私的人。他们心中通常只有自己，完全以自我为中心，认为别人都应该围着自己转。如果有人向他们提出了建议，他们反而会恼羞成怒，觉得对方多管闲事；如果有人拒绝了他们的请求，他们反而觉得对方太苛刻，抱怨对方太自私。

事实上，在自私的人心中，自己永远是对的，自己的事情和利益才是最重要的。虽然自私是大众的普遍心理，但是很多人还是有同理心的，极其自私的人还是少数。所以，如果我们遇到了自私自利的人，如果他们没有丝毫的同理心，那么就应该与其保持距离。

7 掌握心理秘匙，让居心叵测者显露原形

俗话说，"画皮画虎难画骨，知人知面不知心。"就像动物善于用保护色躲避敌人一样，人们时常用伪装来隐藏内心的真实想法，不愿意让别人看清楚自己的内心。而在这瞬息万变的现代生活中，我们需要与各式各样的人打交道，其中就包括了戴着面具的虚伪者，工于心计的小人，以及笑里藏刀的居心叵测者。

如果我们无法识别他人的伪装，就无法让这些居心叵测的人显露真形，从而错把虚情假意的人当成是好朋友，误把工于心计的骗子当成是好人。

不妨看看下面这个故事：

春秋时期，楚国费无极是最可恶的小人。他表面上对楚平王忠心耿耿，但平时却喜欢阿谀奉承，为了一己私利不择手段，甚至还在暗地里陷害太子和朝中大臣。

楚平王为太子建娶了一位妻子，美貌无比。费无极为了挑拨楚王和太子之间的关系，就鼓动楚平王强行把太子的妻子占为己有。果然，贪图美色的楚平王强占了这个女子，并逐渐疏远了太子。随后，费无极又劝楚平王说："晋国之所以称霸中原，是因为位于中原的中间位置，但楚国处于偏远之地，所以不能与其争霸。大王不如扩建城父，然后让太子镇守，以谋求北方各国的尊奉。这样一来，楚国称霸指日可待！"

楚平王果然听信了费无极的谗言，让太子居住在城父。过了一年，费无极又诬陷太子联合伍奢谋反，楚平王相信了他的话，太子建不得不出逃别国。后来费无极又陷害左尹郄宛，杀其全家，使得朝野上下万分不满，国人怨声载道。

而楚平王也因为错信小人，没能识别其险恶用心而众叛亲离。

对于正大光明的敌人和对手，我们只需凭实力去应对就行了，然而对于那些善于伪装的奸滑小人，就很难防备了。在现实生活中，那些居心叵测的人非常善于伪装自己。但是不管他们如何伪装，只要本意是害人的，是不怀好意的，就有露出马脚的时候。只要我们擦亮自己的眼睛，掌握心理的密匙，就可以识别身边虚伪奸诈的人。

通常来说，居心叵测的人都有一定的特征，他们巧言令色，在言语、表情上善于伪装；办事情喜欢投机取巧，特别看重个人利益；他们习惯讨好别人，对于比自己强的人奉承逢迎；他们花言巧语不少，但值得相信的不多，没有一点责任心，还一肚子坏点子。

虚伪的人都是善变的人，对人对事前后不一，表面一套背后一套。说话做事反复无常，一会儿和这批人打成一片，一会儿又想要和那一批人合作。他们还喜欢卖弄小聪明，没有什么大本事却喜欢炫耀自己，一旦事情办砸了，就会把责任推卸到别人身上。

还有一些小人最擅长的就是阿谀奉承、阳奉阴违。他们这样做的目的就是为了满足个人的私欲，为了个人利益可以牺牲一切。

即便是帮助过他们的人，他们也不会真心地对待。他们恭维别人就是为了从对方身上得到回报，一旦他们的目的达到了，或是自己的羽毛丰满起来了，他们就会把真实面目暴露出来，说不定还会对帮助过自己的人反咬一口。

其实，看穿那些虚伪、居心叵测的人并不难，只要细心地观察其一言一行以及他们做事情的方法、态度就可以了。因此，在人际交往中，请细心洞察和自己打交道的人吧！否则只能让自己吃尽识人不清的苦果。

第三章 人可以貌相，脸部微表情反映内心微动态

压抑并不能完全遮掩真情感，因为情感是不完全受理智控制的，总会有"漏洞"将它显现出来。不自主的表情反应是真情感的最佳指标，在谈话中，说话者面部表情与内心想法不一致时，就会出现"漏洞"。当然，这些"漏洞"并不代表说谎，它们的意义是告诉我们"这里可能有问题要深究"。

1 表情，比语言更传神的交流工具

推销员在进行培训的时候，通常会被要求训练自己的表情，让自己时刻面带微笑，即便是打电话也要面带微笑，用欢快的语调与客户沟通。为了更好地训练，很多推销员每天都带一面镜子，时刻提醒自己保持开心的笑容。这是因为表情是比语言更传神的交流工具，虽然电话另一方的客户看不到我们的表情，但也可以感受到情绪的变化。

没错，很多时候，表情比我们的语言更传神，是更有效的交流工具。所以，很多时候我们总是关注自己的表情，总是希望通过表情留给别人良好的印象。我们也总是关注别人的表情，希望通过别人的表情来猜测其内心。在与人交往的过程中，我们应该试着去观察别人的反应究竟是烦躁还是赞许、是厌恶还是接受、是生气还是欣喜、是惊奇还是漠然、是悲伤还是快乐……

比如，你的孩子放学回家，拿回来一个不属于自己的全新玩具。他告诉你这是朋友送的，你却不相信这是真的。你担心这玩具可能是他从学校或是玩具店中"顺手牵羊"得来的。于是，你和孩子进行交谈，如果孩子在这个过程中敢正视你，眼神没有丝毫的躲闪，那么你就可以相信，孩子并没有说谎。如果你握住他的手，他有轻微的躲闪，不敢看你的眼睛，那么他就很可能说了假话。这时候，你需要真诚地对待孩子，拉近你们之间的距离并摸摸他，握住他的手，解除其防备和紧张的心态。他从你的动作和表情中

看出你不会大怒，那么就会当面承认自己的错误。

在金庸先生的《笑傲江湖》里，有一段精彩的描写：

令狐冲和任盈盈被仪琳的母亲捉到，她逼迫令狐冲娶仪琳，否则就让他成为太监。虽然两人被捆绑起来，还被点了哑穴，但是却通过眼睛动作和眼神交流情意：

任盈盈想取笑令狐冲，让他娶两个老婆，于是眼珠转了几转，左眼眨了一下，又眨了一下。令狐冲看见她露出狡狯的神色，就知道其中含义，于是立即收起笑容，显露出严肃的神色，还眨了一下左眼，表示只娶任盈盈，绝无二心。任盈盈微微摇头，左眼又眨了两下。令狐冲则是继续摇了摇头，眨了一眨左眼，并且尽力把头摇得大力些，以表示自己的真情和决心。任盈盈微微点头，眼光转到剃刀上去，又缓缓摇了摇头，表示"如果你不答应，可能就要成为太监了"，可是令狐冲却很真诚，真情地凝视着她。这时候，任盈盈也和他相互凝望。

就这样，两人彼此凝视，虽然没有语言，但是心意却是相通的，彼此了解对方的真情实意。虽然令狐冲不能说话，但是却通过眼部动作和眼神表达了自己内心的真实想法。这一刻，传神的面部表情比任何语言都有力量，真可谓是"此时无声胜有声"！

虽然脸部只占据了人们身体的很小一部分，但是我们的面部表情却是肢体语言中最重要的一种，也是最丰富、最富有表现力的一种，它直接反映了一个人内心的心理状态和情绪变化。

有学者指出，在人类 70 万种肢体语言中，脸部动作就有 25 万种之多，占肢体语言的 35.7%。美国心理学家赫拉别恩曾经总结出这样的公式：信息传播总效果 =7% 的语言 +38% 的语速语调 +55% 的表情和动作。虽然我们习惯把注意力放在这 7% 的语言上，但是这 7% 的表达方式并不能完全表达我们的真实想法。如果不借助其他非语言行为，那么我们接收到的信息就是不完整的，甚至是有缺陷的。当语言和声调、表情以及身体语言进行配合的时候，我们的沟通才不存在问题。而如果我们所说的话和表情或是身体语言不一致，恐怕我们所说的话就有些言不由衷了。

可以说，面部表情就是我们内心反应的晴雨表。我们在与对方交谈时，可以通过面部表情微妙的变化，最直接、最迅速地观察出其感情变化。比如，和别人发生冲突时，人们就会紧绷着嘴唇，和对方怒目相视，还伴随着眉头皱起，头和下腭挑衅地向前挺出；对某个人感兴趣时，就会不由自主地张开嘴巴，面部肌肉轻松自然，眼睛绽放出光彩；而在产生嫉妒心理的时候，就会扬起眉毛；产生敌意的时候就会绷紧下巴、斜目瞪视。

正如法国作家罗曼·罗兰说的那样："面部表情是 10 多个世纪以来培养出来的最成功的语言，是比嘴巴讲的要复杂千万倍的语言。"面部表情是一种交流思想感情和传递信息的无声语言，因此，我们需要读懂他人的表情，读懂他在不经意间流露出的信息，如此，我们才能更准确地了解其内心。

2 突然跳动的眉毛连接突然跳动的心

在人的脸部器官中，每个部位都可以发挥很大的作用。比如，眼睛可以看到绚丽多彩的世界；嘴巴可以品尝美味的食物；耳朵可以听到悦耳的音符；鼻子可以闻到鲜花的馨香。那么，眉毛有什么作用呢？

其实，眉毛的作用不仅仅是保护眼睛，它还是心情变化的"指示针"，突然跳动的眉毛连接突然跳动的心，能够传达出人们的心理行为信息。也就是说，当人们的心情发生变化时，眉毛的形态也会随之发生变化。比如，眉头紧锁、眉目传情、眉来眼去等，都是用眉毛传递信息的一种表现。

从面部的整个轮廓来看，眉毛占据了极其重要的位置，它不仅能增加面部的美观度，还能丰富人们的面部表情，比如，扬眉、收拢、皱眉等。它的每一个动作，都能反映出人们内心的情绪活动。所以，眉毛也是脸部器官中最主要的心情"指示针"。这从很多描述眉毛的语句中都可以得到证实。比如，"横眉冷对千夫指"所表达的就是对他人的轻蔑，同时也表达了自己大无畏的心理。由此可见，眉毛在传达信息和情感的过程中，有着重要的作用和影响。

想要通过一个人的面部表情了解其隐藏的信息，对眉毛的观察是必不可少的。在很多刑事案件中，警察就是通过眉毛透漏出来的信息，获得一些有用的破案线索，进而才得以将案件破获。

一天晚上，广州一个警察局接到了报警，报案人是一名叫周强的保安人员。案发当晚，他正在自己供职的小区值班。他说，在晚上10点的时候，楼道里突然停电了，他刚准备去机房检查停电原因，就有一伙人趁着夜色冲了进来。当时，他看到有很多黑影，考虑到自己势单力薄，所以就躲进了储藏室。周强称，他看到这伙人撬开了外出不在家的陈先生的家门，并拿走了大量财物。

警察接到报案后，立刻来到了现场。但是现场被破坏得非常严重，没有留下一条有价值的线索。于是，警察不得不再次向周强询问案发时的细节。办案人员问周强："当时，你看到犯罪嫌疑人身上有什么特征了吗？"

周强想了想，说："看到了。盗窃者一共有三人，其中一个人的皮肤比较黝黑，脸上有一块明显的疤痕。"警察说："你真的看清楚了吗？"

周强回答："是的，因为他的同伴拿着手电筒，光线照在了他的脸上，我刚好从储藏室的门缝里看到了。"周强在录口供的时候，眉头一直紧锁着，一副思考问题的表情。随后，办案人员又问了一些与案情相关的问题，但并没有得到什么有用信息，便准备离开。就在这时，周强紧锁的眉头展开了，仿佛努力思考的问题迎刃而解了一样。

警察没有忽略周强这个细微的表情变化，并因此对周强产生了怀疑。通过调查及几次旁敲侧击的讯问之后，周强终于露出了马脚。原来，根本就没有什么歹徒，这是他自导自演的一场"闹剧"，是周强自己盗窃之后，因为怕别人发现，就"贼喊抓贼"，向警察报了案。

在这一案件中，警察从周强的眉毛变化中发现了破绽，锁定了犯罪嫌疑人，并针对这一破绽展开调查，最终破获此案。其实，在很多办案、调查甚至是人际交往的过程中，只要我们能认真地观察对方的面部表情以及眉毛的活动，就能从中发现关键所在。

在现实生活或工作中，每个人都会亲身经历这样的画面：当你思考问题时，眉毛会紧紧地皱在一起；当别人有求于你，你却无能为力时，你也会眉头深锁，做出一副非常为难的表情。由此可见，眉毛能表达人们的很多心理活动，通过眉毛，你能看到他人的心理活动。

要想通过眉毛了解人的内心，就需要对眉毛的动作有一个简单的了解。人体的构成十分神奇，每一个部分都有特殊的含义，眉毛也不例外。眉毛除了外观好看以外，在生理上还有为眼睛遮挡雨水、灰尘等作用。就心理作用来说，眉毛在一定程度上也是体现心情变化的指示针。眉毛不仅可以表现出人们的喜悦，也可以反映人们的不满。每一种眉毛表情都代表不同的意思。

（1）皱眉

当一个人皱眉的时候，他所表达的可能是迷惑不解或否定的意思，也可能是紧张或者对某件事或某个人不满。在这种情况下，人们会以皱眉来为自己提供安全感。此时，人的眼睛仍然注意着外界的动静，这就形成了皱眉动作。皱眉通常表示不喜欢或厌恶，忧郁的人总会眉头深锁，因为他们总想逃离自己眼下所处的环境，却因为某些原因而无法这样做。另外，人的眼睛遇到强光照射的刺激时，也会做出皱眉动作。

此外，还有一种笑着皱眉的情况。如果一个人出现这种情况，说明这个人的心中隐藏着轻微的恐惧和焦虑。他的笑或许是真实的，但是无论他笑的对象是什么，都给他带来了相对的困扰。类似于皱眉，当一个人感到焦虑、悲伤、专注、担忧、不知所措或者愤怒的时候，也会做出眉头紧锁的动作。不过，这个动作的含义要视周围的环境而定。比如，犯罪嫌疑人在接受审讯的时候，如果皱眉，则表示他的心里特别惶恐。这时，如果警察进行引导和安慰，则可以获得想要的信息。

（2）扬眉

除了皱眉之外，扬眉也是一种表情。扬眉分为双眉上扬和单眉上扬。我们在形容委屈和冤仇得到伸张时，常常会用"扬眉吐气"这个词。双眉上扬，说明这个人遇到了让他感到惊讶或者让心情起伏较大的事情。这时，如果你想告诉对方什么事情的话，最好等他心情稍微平复之后再说。单眉上扬，通常是一个人有疑问、不理解、有困惑的表现，这说明他正在思考问题。

（3）耸眉

耸眉，是指眉毛先扬起，停留片刻后又下降恢复，常常伴随着嘴角的迅速下撇，脸部其他部位却没有什么明显的变化。这种行为通常表示的是一种无奈，同时还是一种强调自己观点的动作。而当人要表现出友善的时候，常常会眉毛先上扬，进而在瞬间下降，这就是眉毛闪动。所谓情人之间的"眉来眼去"，也就是指眉毛闪动，这类动作之后往往会出现仰头微笑或拥抱等举动。然而，在两个人对话时，一个人若做出了眉毛闪动的动作，就表示此人在加强语气。

当一个人的眉毛完全放下时，就说明这个人非常生气，已经到达了愤怒的极点。如果你不懂得这层意义，还在这个紧要关口火上浇油，那么你就相当于自己撞上了"枪口"。当一个人的眉毛完全放下或眉毛倒竖时，你最好离这个人远一点，否则城门失火，很可能殃及池鱼。

总之，人的面部及身体表情，每一个动作、每一个反应都是有缘由的，都是从内心瞬间释放，又通过理智强力改变的。而在那一瞬间释放出来的表情就称为微表情，是人类对事物的最初的真实反应，其中眉毛尤其重要。眉毛的各种变化，也是一种无意识的内心表现，通过眉毛的变化，可以深入了解人们心情变化的过程，因此眉毛就被誉为"心情变化的指示针"——突然跳动的眉毛连接突然跳动的心。

3 转动的眼球，转换的心思

我们时常说"眼睛是心灵的窗户"，人的眼睛是最重要的器官，也是最能表现表情的部位。它可以把人心里所想的完全表达出来，通常要比语言还更快地表现出来。所以人们经常说某个人的眼睛会说话。

可以说，人的眼睛就是其所思所想的暗示，几乎不可能被掩饰住。更多时候，眼睛要比嘴巴更能表达自己的意思，即便是那些用语言无法表达的情感，从眼睛中也可以原原本本地流露出来。即便是嘴上说着虚假的话，眼睛却流露出最真切的心思。

生活中，只要我们试着观察人的眼睛，就可以发现其中表现出来的各种变化。其中最为明显的就是眼球的变化。眼球也叫眼珠，它的运动形式很多，所以可以表达的人的思想和情绪也是非常丰富的。

眼珠的朝向可以体现人的心理，很多人会通过调整眼珠的朝向来表情达意。而眼珠的朝向分成上中下 3 种，从而形成 3 种眼光：眼珠向上为仰视，中间为平视，向下为俯视。由于这 3 种不同的眼光可以产生不同的效果，所以人们会根据这些来窥视一个人的心境和自我感觉。通常，俯视的眼光有关切、体贴的成分，比如父母看子女的慈爱眼光；平视的眼光带有冷静和理智，比如合作伙伴的眼光；而仰视的眼光则有好奇心和崇拜的信号，比如孩子看父母的眼光。

眼球向左右移动也很常见，眼光居中是诚实、正直的体现，而左顾右盼则是不怀好意，与贼眉鼠眼较接近。如果眼球出现了迅速的左右运动，那么所表达的含义又有所不同了。我们经常会遇到这样的情况，当一个人被质疑或是诘难的时候，他的眼球就会快速地左右运动，因为他正在想办法应对别人的质疑和诘难，正在积极地思考。当一个人紧张不安，或是对某个人怀有戒心的时候，也会快速地运动眼球，因为他希望尽快地解决问题，并且试图稳定自己的情绪。

同时，人们在思考问题的时候，目光常常向左右移动，这是在查找记忆里的档案。研究表明，人们在思考问题时，目光会向左右两边移动。当一个人的眼球向左上方运动的时候，表明他正在回忆以前见过的事物；而眼球向右上方运动，则说明他正在想象以前见过的事物。回忆和想象是有着根本区别的，后者可能会根据自己的想象来说出符合自己利益的事情，也可能根据以前的事物编造出自己想要告诉别人的话。所以说，我们时常会发现说谎的人总是下意识地向右上方转动眼球，这就是他正在想象和编造谎话的表现。另外，如果一个人的眼球向左下方运动的话，表示他的听觉正在起作用，是自己在和自己对话。比如，一个人鼓励自己加油、激励自己继续努力的时候，眼球就会下意识地向左下方运功；眼球向右下方运动，则表示这个人正在感觉自己的身体，可能是情感的触动，也可能是身体的触动。一个人内心感到郁闷或是兴奋的时候，他的眼球就可能会向右下方转动。另外，一个人被针刺到、被热水烫到而感觉到疼痛的时候，眼球也会向下运动。

通常来说，大约75％的人目光总是向一个方向移动，不管是向左还是向右，都与个性有关。也就是说，如果一个人习惯于左移或右移目光，那么就不会轻易改变。人们思考的时候，眼球习惯向左移动，如果突然向右移动，就说明他不是在思考，而是在撒谎。

斜视的功能也有很多，如果和其他体态语配合，就会表达更为丰富的含义。比如"眉目传情""回眸一笑百媚生"，等等。另外，白眼球颜色的变化也可能是一种表情的表征，我们可以发现，除了在疲劳过度的情况下，人们在极度愤怒的时候，眼球也会变红，甚至是出现充血的情况。所以，当你看到一个人白眼球充血的时候，就应该注意了。

眼球运动为我们提供的内心线索是最明显的，蕴藏的信息也是非常丰富的。在生活中，我们应该多关注人们眼球的转动，体会它反映出的心理活动。

4 瞳孔变化，是心境在变化

曾经看到这样一个故事：

美国一个 FBI 探员抓到了一名嫌疑犯，审讯的时候他非常合作，很快承认了自己的罪行，但是却坚持说自己是一个人行动，没有任何同伴。显然，他做好了一个人认罪的打算。

为了让这个嫌疑犯供出同伙，消除安全隐患，FBI 想利用微反应来收集所需要的信息。他们向这名嫌疑犯展示了很多卡片，每张卡片上都写着一个曾经和他一起工作过的人的姓名。在看卡片的时候，FBI 要求他讲述所知道的这个人的情况。当这个嫌疑犯在看到某两个人的名字时，眼睛突然睁大，然后瞳孔迅速收缩，并轻微地眨了眨眼睛。显然，在他的潜意识中，这两个人是他不愿意面对和谈及的。由此，FBI 断定他们就是这个嫌犯的同伙。经过了调查和审讯，FBI 终于将这个团伙一举抓获。

看到了吧！瞳孔也是一个非常重要的表达情绪的工具，能够显示人们内心的情感和情绪，一般通过收缩或放大来表现出来。FBI之所以发现了嫌疑犯的同伙，就是因为及时抓住了他眼睛以及瞳孔的变化所释放出来的重要信息。

我们知道，瞳孔受到外界的刺激就会发生变化，如果外界光线太强，瞳孔就会自动收缩，以避免强光的照射；相反，如果光线太暗，瞳孔就会放大，以便接收更多的光线。同时，瞳孔的大小也会随着人的情绪变化而发生变化。如果人们进入不熟悉的环境，或是对某件事情有浓厚的兴趣时，瞳孔就会放大；反之，瞳孔就会缩小。

1960 年至 1964 年，哈佛大学教授埃克哈德·赫斯对人类瞳孔的变化与人类的思想情绪的相互关系进行了深入研究，结果表明，当人们看到厌烦的事物时，就会不自觉地收缩瞳孔；而看到令人兴奋欣喜的事物时，瞳孔就会扩大。比如，一个人看见他朝思暮想的东西，就会"眼睛一亮""两眼放光"，因为当我们的瞳孔放大的时候，就会最大限度地接收光线，向大脑传递更多的视觉信息，让我们内心的愉悦更加强烈和持久一些。

在生活中我们可以仔细地观察：如果一个人睁大眼睛、用扩大的瞳孔看着对方，那么就表示他正在释放"我喜欢你"或者"我对你所说的话感兴趣"的信号。收到了这样的信息，你就可以明白对方的内心了。不管是在生活中还是工作中，你都可以利用它来获悉对方的心理，判断自己是不是受欢迎以及自己的交流方式是否得当。

同时，扩大的瞳孔还是欢愉情感的体现。某些男女约会的时候，会选择光线较弱的场所，这样可以促使双方的瞳孔扩大，加大对方的欢愉情绪，有效地增进彼此的感情。心理学家认为，男女在光线较弱的环境下交往，其成功率往往高于强光下的交往。所以，情侣喜欢到光线较弱的环境下约会，并不完全是为避开众人的视线。

总之，我们可以发现，一个人的瞳孔变化是兴趣、偏好、动机、态度、情感和情绪等心理活动的直接反应，就好像是显示屏一样，直接显示人们的心理活动。一个人瞳孔的放大传达的就是正面的信息，表示爱、喜欢或兴奋；缩小则传达出负面的信息，表示消极、戒备与愤怒。

虽然一个人瞳孔的放大与缩小属于微小的身体动作，动作的幅度非常非常小。但只要我们细心地观察，便可以看出其情绪和内心的变化。而且，瞳孔的变化是生理性的，任何人都无法用意志来控制自己的瞳孔变化。在人际交往中，我们应该善于利用这一点。

5 不热鼻头也出汗，到底为什么?

鼻子虽然不像嘴巴一样大幅度地活动，但是由于它处于面部的中心，其变化更容易引起人们的注意。同时，它的变化还会引起周围器官的变化。所以，我们在解读他人的面部微表情的时候，切不可忽视了鼻子。

人们对某人不信任的时候，就会皱鼻子、歪鼻子；紧张的时候，就会鼻子抖动；对某件事情表示排斥，或是不赞同某人观点的时候，就会哼鼻子，或是嗤之以鼻。另外，人们情绪比较激动的时候，比如发怒或者恐惧，鼻孔就会不自觉张大，鼻翼翕动，伴随着大量的呼吸。同时，鼻孔稍微扩大，也可能是由于得意的心理，或可能是正在压抑某种情感。

另外，在生活中我们会发现很多人的鼻头特别容易冒汗，如果这并不是天生的，那么就说明他此时的内心正处于焦急、不安、紧张的状态。或许他正在为某件事情而着急，或是他正盘算着如何做成一笔生意，或许他刚刚犯了一个错误，正在想办法掩饰自己的错误，等等。另外，当一个人过于专注的时候，比如一个学生正在做试卷，绞尽脑汁想要解决最后一道难题的时候，鼻头也会有出汗的情况。

值得注意的是，当一个人说假话的时候，鼻子也会比平常大一些，同时感到轻微的刺痒。于是有些人便会不自觉地摸鼻子，以缓解这种不舒服的感觉。因为当人们说假话的时候，身体会释放一种叫作"儿茶酚氨"的化学物质，这种物质会引起鼻腔内的细胞肿胀，使得鼻子增大。所以说，童话中的木偶匹诺曹一旦撒谎鼻子就会变长的故事虽然夸张了些，但还是有科学道理的。

除此之外，我们时常会用"鼻孔朝天"这个词来描述一个人极其傲慢、看不起人的状态。因为当一个人内心不满或是不屑的时候，鼻子就会高高耸起，鼻孔张大。

当然，很多时候鼻子所传递出的各种信息，还需要手部动作来进行协作。比如摸鼻子、捏鼻梁，等等。当人们思考难题或者极度疲劳的时候，就会用手捏鼻梁。如果戴眼镜的话，就会推眼镜；当人们感到无聊或者遇到挫折的时候，则常用手指挖鼻孔；别人提出问题，我们很难给出答案，为了掩饰内心的慌乱而勉强给出一个答案时，手会很自然地捏鼻子或是揉鼻子，还可能特别用力地压挤它。这时候，虽然我们没有说谎，但内心是虚的，鼻子会产生一种不为人知觉的瘙痒感。为了缓解这种不舒服感，我们就会千方百计地抚慰它，想要使它平静下来。而西方人在说谎的时候，会无意识地将食指放在鼻子下面或鼻子边；而表示不赞成和反感时，会用一根指头横在鼻子下面。

同时，如果我们闻到了难闻的气味，也会下意识地用手捂住或捏住鼻子。事实上，在西方，这种动作是一种强烈的侮辱信号。比如在英国，流传着一种象征性侮辱手势，即在对方讲话的时候，用一只手做出拉厕所水箱绳的动作，然后用另一只手捏住鼻子。类似这种手势的另一种形式就是冲着他人捂住鼻子，好像闻到了难闻的气味。

还有很多表示侮辱的动作，比如以食指推鼻子，表示对方自以为是；把拇指按住鼻尖，然后挥动其余四指，则表示取笑别人表现很不好。而有些人习惯挖鼻孔，这并不是因为鼻孔需要清理，而是因为他出现了紧张不安的情绪，企图用挖鼻孔掩饰自己的内心。

6 关于唇语，你需要略知一二

一个人的嘴巴不仅仅是说话的工具，更是丰富的面部表情的载体。可是，很多人却因为有声的信息而忽略了无声信息的丰富多彩。事实上，双唇的一些小动作就泄露了一个人内心的大多数秘密。

由于在人的面部器官中，嘴唇目标大，位置明显，再加上比较灵活，可以表现出很多动作，所以它可以表达的内心情感也是非常复杂的。即使在嘴唇闭合的时候，唇部的肌肉也可以传递极为复杂的信息。和眼睛一样，唇部也是非常敏感的部位，所以即使是极细微的内心变化，也可以通过嘴唇传达出来。

比如，人们在心情平静时，双唇呈自然、轻松的闭合状态。吃惊的时候，嘴唇会不由自主地张开，而且嘴唇张开的幅度一般取决于吃惊的程度。受到惊吓的时候，人的嘴唇就会张大，几乎是圆圆的。

嘴角向上表示的是善意、礼貌、喜悦。人际交往中，当笑容从内心发出的时候，人们嘴角会不自觉地向眼睛的方向上扬、眼睛微眯；而笑容不由衷的时候，或是"礼貌地微笑"时，嘴角则被平拉向耳朵的方向，眼睛中没有任何表情。

当一个人下意识地舔嘴唇的时候，表示他内心的压力很大，嘴巴感到干燥，于是便会下意识地舔嘴唇来安慰自己。同样，当一个人感到尴尬的时候，也会不自觉地舔嘴唇，试图让自己平静下来。

双唇紧闭、抿在一起的动作，通常表示这个人意志坚定，比较倔强，或是正下定决心做某件事情。很多不苟言笑的人物，为了显示自己的权威就经常做这种动作。另外，在开会讨论某些事情时，如果你看到某人做出抿嘴的动作，那么就表示他们对于讨论结果不是很满意，保留自己的意见。

咬嘴唇也是一个人最常做的动作，事实上这个小动作蕴含着很多含义。在不同场合和情景下，蕴含着不同的内心状态。有些人紧张的时候会咬嘴唇，还有些内向的人在公共场合发言的时候也会出现咬嘴唇的动作。因为人紧张的时候，心跳就会加快，血液的流动也会加快，唇部流过的血液增多从而导致一种微胀感，让人下意识地碰触；有些人强忍着内心的不满或委屈的时候也会咬嘴唇，另外被人欺负或是误解的时候，虽然心有不满，但是为了极力控制自己的情绪，也会自然地做出咬嘴唇的动作。除此之外，人们在感到焦虑、恼怒的时候也会咬嘴唇，这些都是消极情绪的体现。

另外，嘴角向下通常表示的是痛苦悲伤、无可奈何的情绪；嘴唇噘着一般都是表示生气、不满意的意思。这种表情在正式的场合，会被认为是不尊重对方的表现；嘴唇紧绷多半是表示愤怒、对抗或者是决心已定。而故意发出咳嗽声并借势用手掩住嘴是表示"心里有鬼"，有说谎之嫌。

我们常说"唇齿相依"，牙齿和嘴唇是密不可分的，人们的很多表情也必须由牙齿和嘴唇相互配合才能反映其内心的思想。比如"咬牙切齿"，就是表达一个人内心愤怒的情感，对某个人或是某件事情痛恨到了极点；而一个人翘起一侧的上唇，露出牙齿，则表示他对某人比较轻蔑，如果再有一两声不冷不热的笑声，其效果就更加明显了。另外，当人们遇到严重或严肃的情况时，就会做出用牙齿咬嘴唇的动作，以缓解紧张的情绪。

还有一种情况，那就是牙齿或者嘴唇也可以借助工具来表达自己的情感。比如有人喜欢在紧张的时候咀嚼口香糖，或是点上一支烟；而有的人在心情愉快的时候，就会叼着牙签。

而舌齿配合的咂嘴动作也是心理活动的直接体现，比如，人们看到比较稀少或值得称道的东西时，就会有咂嘴的动作，这就是"啧啧称奇"了；当人们极度不耐烦的时候，也会使用咂嘴的动作。我们仔细观察就会发现，在公共场合，如果有人大声说话，或是不停地打电话，人群中就会发出"啧啧"之声，以表示抗议。

要记住的是，虽然我们需要根据他人的唇部微反应和唇部特征来识人读人，但是并不能一概而论，或是将它视为唯一的标准。尤其是根据嘴唇的薄厚来推测他人个性的时候，千万不要先入为主，否则就会影响正常的人际交往。

7 下巴也有"小情绪"

如果我们仔细观察，就会发现人们的下巴也会说话，很多时候人们还会运用下巴来传达自己内心的想法。不妨站在镜子前观察观察自己，轻松惬意的时候，下巴是怎么样的状态，紧张、不安的时候，下巴又是怎么样的状态。相信通过仔细的观察，你便深有体会了。

通常来说，人们的下巴所表现的微反应有以下几种情况：抬高、紧缩、僵硬、抖动等。

自然轻松的情况下，下巴是自然地垂落的。当一个人下巴抬高的时候，身体的其他部位也会随之运动，头会轻轻向上扬起，胸部以及腹部也会相应突出。这样的状态用一个词就完全可以淋漓尽致地刻画出来，那就是趾高气扬。所以，通常人们下巴抬高的时候，内心是非常骄傲的，是为了显示出自己的优越感，仿佛在说"你很 low，我看不起你！"除了高傲的心态，抬高下巴还会给人非常狂妄、不可一世的感觉。比如，希特勒的很多相片都是高抬下巴的；一些人对正在谈话的对象有敌意或是极其不赞同对方意见的时候，也会下意识地抬高下巴。当一个人向另一个人挑衅的时候，会扬起下巴，眼睛还会向下看着对方，以表示自己看不起对方，暗示着对方不敢接受自己的挑战。

通过仔细观察之后，我们就会发现，当一个人下巴突出时，说明他很有攻击性，是在向别人挑衅；当一个人下巴自然下垂的时候，说明他处于极度疲乏或困乏的状态。生活中，我们还会发现，很多自以为是的人很喜欢用下巴来指使他人，这就是我们所说的"颐指气使"，这意味着这个人比较骄横傲慢，自我主张意识非常强烈。

在西方，人们认为把下巴向前伸出，大多表示隐藏内心的愤怒。我们中国人则正好相反，通常会在愤怒的时候把下巴往里缩紧。另外，如果遇到紧急情况，或想到紧急的事情时，人们的下巴就会自然地收紧。这种动作常常是下意识的，但是有自制力的人可以进行控制。

与喜欢下巴上扬的人相比，习惯缩起下巴的人通常都是比较内向、容易封闭自己的人。他们不会轻易相信别人，疑心病非常重。同样的道理，当人们对别人说的话不认可，或是对这个人不信任的时候，也会缩起下巴。在日常生活中，我们要谨慎地和这样的人交流，因为他们对任何人都有一定的戒备心，不容易说出自己的真实想法，属于比较难沟通和交流的人。

同时，人们在感到惊讶的时候，下巴会垂落，但比较僵硬；而情绪激烈时，下巴就会不自觉抖动，出现痉挛的情况。比如人们在痛哭流涕的时候，下巴会情不自禁地抖动，这是一种难以控制的神经抽搐。

当然，下巴与嘴巴的关系是最紧密的，嘴巴张开的时候，我们的下巴就会自然垂落，当我们闭上嘴巴的时候，下巴自然就会收起。

但是，嘴巴的开闭跟下巴的垂落与否并不是完全对应的。这种情况下，嘴巴就成为了人们关注的焦点，它可以成功地掩饰下巴的活动。比如有些小伙子在紧张的时候喜欢吹口哨，就是想借此来掩饰下巴的动作。有的人习惯不停地咀嚼口香糖，也是为了掩饰下巴的动作，以掩盖自己内心最真实的想法。

人们同样会通过摸下巴或是用手支撑下巴来掩饰自己。最常见的动作就是抚摸下巴。这样的动作往往是为了掩饰不安或缓和话不投机的尴尬场面。比如当年美国前总统尼克松被卷入"水门事件"后，面对新闻媒体的质疑和询问，他就时不时地抚摸自己的下巴。这些小动作在他身上从来没有出现过，此时因为他内心极其不安，不想面对媒体，所以才做出这样的动作。人们可以看出来，尽管他极力否认自己与该事件有关，但这些小动作却暴露了他与该事件的密切联系。

再比如，当两个人交谈的时候，一个人滔滔不绝地讲述自己的事业和成功经验，而另外一个人却并不感兴趣，又不好意思直接拒绝，那么就会尴尬地抚摸下巴。

总之，人们会通过抬起或是缩紧下巴来传达正向或负向的情绪，所以别忘了观察他人的下巴。

第四章 形体会说话，坐卧行走坦诚相告芸芸众生相

人的坐卧行走，都与内心存在某种必然联系，表现在形体上，就是我们常说的"形体语言"。心理学家研究发现，甚至连无意识摆出的坐姿，都与个性有微妙的联系。而且，这些"形体语言"没有国界之分，适用于任何文化背景下的人群。

1 坐相，不仅是形象也是心相

小时候，家长时常告诫我们要"站有站相，坐有坐相"，因为一个人的站姿和坐姿不仅涉及自己舒服不舒服的问题，还关系到一个人的素质和修养。可现实生活中，我们经常看到有些人的坐相很不雅：有的是两腿叉开，有的是一只腿微微向后并且不停地抖动，甚至有些人向后一仰，把"二郎腿"跷得老高。这种情况下，不管你穿着什么华丽的衣服，不管你是男士还是女士，都没有什么素质可言了。

每个人都应该保持良好的坐相，尤其是女士。女士正确的坐姿是双腿保持基本的站立姿态，双腿恰好挨到椅子，可以轻松坐下来。两个膝盖必须并在一起，不能分开，腿放中间或同时倾向一个方向。如果你想要跷着腿，双腿必须是合并的，并且只能大腿交叉，绝不能把小腿放在另一条大腿上。女性要是穿裙子的话，就更要保持仪态了，必须盖住双腿，不能跷着腿，或是掀起裙子。

而男士坐下的时候，需要双腿并拢、腰部挺直。膝部可以分开些，但不宜超过肩宽，更不能两脚叉开，半躺在椅子里。如果感到疲惫，可以改变坐姿，但是不管如何变，都要端坐，做到"坐有坐相"。

现代社交场合特别重视礼仪，良好的坐相是对别人和自己的尊重。如果一个人在某些场所没有好的坐相，或是做出不适宜的举动，就很容易引起别人的反感。同时，坐相不仅代表着姿态和形象，更可以让人们判断其禀性，让人们了解其性格和心理状态。从微反应心理学来讲，它是人的思想、情感、情绪的体现。

比如，一个人坐下的时候总是小心翼翼的，习惯坐在椅子的边缘，这种人一看就知道是生性淡泊、不喜欢与人争执，或者是遵守规矩、善于服从上级的人。因为一个人准备坐下来的时候，总会在潜意识中想到接下来能够马上站立起来的姿势。在心理学上，人们把它称为"觉醒水准"高的状态。如果这个水准在不断下降的话，人们的腰部就会越来越放松，如此一来，就不可能立刻站立起来了。这个姿态说明这个人的心理比较放松，没有紧张感，要比对方处于更有利的地位。

相同的道理，习惯浅浅地坐在椅子上面的人，说明他们的"觉醒水准"比较高，精神始终处于紧张状态，无形中也显示出其心理方面居于接受或服从的地位。那些和上司谈话的人，会选择坐在椅子的边缘；那些面试的应聘者在面对面试官的时候，也会选择浅浅地坐在椅子上面。

喜欢倚靠着东西坐的人，是最没有坐相的，这样的人或是习惯靠着椅背，或是习惯倚靠着扶手，如果前面有桌子的话，还会将身体倚靠在桌子上。他们比较随性，喜欢无拘无束的生活，但是也比较缺乏自信心。

有些人坐下的时候身体不能挺直，不是向前弯曲就是向后弯曲。一般来说，习惯向前弯曲的人，性情比较温和，但是缺乏自信心，平时做事情容易盲从，没有主见；而习惯向后弯曲的人，则比较傲慢顽固，有自己的主见，但却缺乏谦虚的美德，是一个很容易骄傲的人。

坐下的时候，有人习惯把左腿放在右腿上。这样的人喜欢尝试新的东西，积极接受新事物的挑战。不管遇到什么新观念、新事物，他们都比任何人更愿意接受，并且愿意去尝试、去感受。

有些人坐下的时候习惯两脚自然外伸，这样的人会给人一种沉着冷静的印象，这类人也是比较有自信的人。他们身体非常健康，很少患有疾病。

还有些人习惯跷着二郎腿坐，一只手支撑着下巴，另一只手则搭在撑着下巴的那只手的手肘上，这样的人大多是不拘小节的人，性格比较乐观。不管遇到什么困难，他们都会乐观地对待，且积极地解决问题。不过这样的人却是不能承担责任的人，他们会想办法逃避责任，并且不惜使出卑鄙的手段。所以与这样的人相处，我们一定要谨慎小心，千万不要被迷惑。

另外，双腿紧闭而坐的人，性格比较谨慎、内向，在社交场合行为比较拘谨。当我们讲话的时候，如果看到有人保持这样的坐姿，则说明他们正在谦恭、友好地聆听我们的讲话；如果一个人坐下的时候，双膝分开得很远，说明他们个性开朗，粗线条，做事情比较大大咧咧；而有的人双手交错，他们通常为人和蔼，有同情心，生活中处处为别人设想。

总之，坐相以及坐下来时的潜意识动作，可以透露出一个人的性格和心理状态。如果在人际交往中，我们忽视了这些微反应，或是不留意一个人的言行举止，就难以从中察觉其所蕴蓄的内涵了。

2 坐姿不一样，性格也大不相同

人，除了体貌特征、家庭出身不一样，性格也有很大的区别。有的人性格比较强势，有的人则比较软弱；有的人自信满满，有的人则非常自卑……当然，我们之前也说过，性格可以通过一个人的言行举止反映出来，所以一个人的坐姿习惯不一样，性格也大不相同。纽约一个医学中心的心理卫生专家经过研究和实验，得出一个结论：坐姿能显露一个人的个性。

坐姿可分为严肃坐姿和随意坐姿。严肃坐姿通常适用于较正式的社交场合，比如商务聚会、面试、谈判，等等。这时，男性标准坐姿是上身挺直，双腿微微分开，以显示自己的自信和对于场合的尊重；女性标准坐姿为上身端直，双膝并拢，以显示自己的端庄和良好的仪态。西方国家中稍有些地位的家庭，很早就会开始对子女进行坐立姿态训练，除了培养孩子的姿态礼仪，还注重塑造其良好的性格。

正因为坐姿能体现一个人的性格，所以人们一旦离开正式的社交场合，以随意的坐姿出现在其他场合时，内心的真实情感就会被明显地展露出来。不妨看一下，你平时最习惯哪一种坐姿呢？

（1）两腿和两脚紧紧地并拢，两手放于两膝上，端端正正

这种坐姿是最端正的坐姿，一般情况下，在公众场合人们都用这种坐姿。而习惯这种坐姿的人，性格是比较温顺、内向的，为人也比较谦逊，但是通常会封闭自己的情感世界，不喜欢轻易与人交流和交心。这种坐姿的人喜欢替别人着想，他们的朋友往往会感动不已。在工作上，这种人踏实认真，肯为实现自己的梦想而努力。他们坚信"一分耕耘一分收获"，因此也极端厌恶那种只知道夸夸其谈的人。

（2）左腿交叠在右腿上，双手交叉放在腿根两侧

习惯这种坐姿的人，通常都有较强的自信心，他们一旦认准了某件事情，就不会轻易改变自己的想法。他们很有才华和理想，总是能想尽一切办法并尽最大的努力去追求和实现自己的理想。这种人非常善于交际，具有领导能力，而且协调能力也非常出色，在人群中总是充当着领导者的角色。不过这种人也有缺点，那就是过于自信，好高骛远，"这山望着那山高"，也喜欢见异思迁。

（3）两腿及两脚跟并拢靠在一起，十指交叉放于下腹部上

这样的坐姿表明一个人是典型的古板型性格。他们性格比较倔强固执，从不愿接受别人的意见。他们又常常因工作或是生活的压力而缺乏耐心，时常显得极度厌烦工作。这种人有些渴求完美，凡事都想做得尽善尽美，但却有些不切实际，时常做一些可望而不可即的事情。他们喜欢夸夸其谈，不太务实，一旦遇到挫折，就会失去探究求实的精神。

（4）两膝并在一起，小腿稍微分开，脚跟形成"八"字，两手掌相对放于两膝中间

这是一种小心翼翼的坐姿。习惯这种坐姿的人性格保守内向，做事情比较胆怯，也比较害羞。他们的观点通常一成不变，不会变通、创新。在工作中，他们习惯于依靠过去的成功经验，有些教条主义。和别人交谈时，他们容易跟随别人的意见，没有自己的主见，即便有自己的想法也不敢发表。

这种人大多数特别害羞，多说一两句话就会脸红，他们最害怕的事情就是出入公众场合。他们感情非常细腻，但并不是温柔似水。不过他们能真诚地对待自己的朋友，乐于帮助朋友，基本上总是有求必应。

（5）两脚并拢，大腿分开，两手习惯放在腹部

这种坐姿大多数是男人的坐姿，他们的性格是刚毅的、坚强的，有勇气、办事果断。一旦想好了做某件事情，就会立即付诸行动。他们喜欢挑战，敢于不断追求新鲜事物，也敢于承担自己应该承担的责任，包括社会责任、家庭责任、工作责任，等等。这样的人非常有气魄，敢闯敢干，但是却不善于处理人际关系，不懂得与人沟通的技巧。

（6）两腿分开距离较宽，两手的位置不固定

这是一种开放的姿势，习惯这样坐姿的人一般都比较轻佻。他们喜欢自由，性格散漫，喜欢追求新奇事物，偶尔成为引领大众消费潮流的"先驱"。他们不满足和其他人一样，所以总想着做一些其他人不能做或是不敢做的事。他们就是一群喜欢标新立异、追求创新的人。

另外，这种人平常总是平易近人、笑容可掬，最喜欢和人交朋友，所以人缘非常好。不过这类人的感情比较轻浮，可以说是"中央空调"式的人物，来者不拒，有时会给家庭和个人带来许多烦恼。

（7）右腿交叠在左腿上，两小腿靠拢，双手交叉放在腿上

如果你看到了这样的人，千万不要认为他们是和蔼可亲的，相反，他们的个性非常冷漠，不愿意与人亲近。有时候，这样的人非常工于心计，甚至对亲人、对朋友也会耍心眼。这种人做事总是三心二意，并且还引以为傲，时常向人炫耀自己的"一心二用"理论。

（8）半躺而坐，双手抱于脑后

这个坐姿是非常舒适悠闲的，所以习惯这样坐的人多半是性

格随和的。他们与任何人都相处得来，在职场上得心应手，再加上他们的坚毅顽强，往往能够取得事业上的成功。他们喜欢学习但不求甚解，可以说是一瓶子不满半瓶子晃荡。他们天生个性热情，喜欢消费，挥金如土。在日常交往中，他们真诚待人，不会算计别人，也没有防人之心，而且有些大大咧咧，所以很容易成为众人的朋友。

总之，不同的坐姿往往代表着不同的性格，只要我们愿意，就可以看穿别人的内心。你能窥探他人的内心吗？

3 睡姿，是他人无意识的心理表露

人们在入睡的时候，可以说是意识最薄弱的时候，其动作也是受意识控制最少的下意识动作，所以睡姿是最能真实反映心理状态的行为，所传达的信息几乎没有欺骗性。

我们发现，婴儿的睡姿一般是蜷缩的，因为他们在母体里就时常保持这样的姿态，这样会让他们有安全感，所有的肌肉都处于放松状态，而且大脑也是充分放松的。随着人们年龄的增长，情绪、情感和心理也变得丰富起来，在人们清醒的时候都会有意识地控制自己的行为，以避免泄露自己的内心。可当一个人睡觉的时候，就会无意识地表露出真实的情感和心理。

对每个人来说，我们很多时候并不知道自己的睡姿，那不妨问问身边亲近的人，然后再根据自己的性格对比一下，是不是睡姿和性格、心理是相匹配的？答案是肯定的。正因为如此，我们才要对别人的睡姿有大致了解，因为睡姿就是他们无意识心理的表露。

有些人睡觉时，如婴儿般蜷缩在一起，这样的人依赖感比较强，内心缺乏安全感。他们性格软弱，对不熟悉的人物和环境多产生恐惧、敬畏的心理。由于他们独立意识非常差，所以缺乏逻辑思辨能力，做事情经常颠三倒四，还容易逃避责任。

而与之相反的是，有些人睡觉的时候，身体经常成大字形。这种人的性格和前者是相反的，他们大多心纯无杂、随性自信、为人乐观、情感丰富。当然，其身体健康状况相当好，几乎躺下就能睡着。这种人大多头脑聪明，喜欢尝试新鲜事物，而且非常热心，是比较好相处的人。他们能够非常好地洞察他人的心理，会考虑到他人的需要，并且乐于帮助别人。这样的人很容易得到别人的依赖和信任，具有非常好的人际关系。

习惯仰卧而弯曲着双腿睡觉的人，大多是生活不安定、习惯于奔波的人。有些专家说这是一种体力充沛、喜欢健身旅游的人所特有的睡相，因为弯曲膝盖竖腿睡觉的方法，非常容易消除腿部的疲劳。另一方面，这种睡姿最常见于夏天午睡的时候，所以专家认为这样的人是具有双重性格的人。他们往往表里不一，既有循规蹈矩的特点，又有率性开放的特点。有时候看起来拘谨小心，做事情规规矩矩，但是有时候言行却非常开放大胆，尤其是在面对爱情的时候。通常，习惯这种睡姿的人，大多比较自信坚强，具有强烈的主观意识，非常有主见，而且有很强的办事能力。

那些习惯身体侧卧成弓字形的人，性格比较善变，而且容易发怒。他们脾气变化很快而且激烈，高兴的时候很高兴，一不高兴就突然变脸，好像变成另外一个人似的，所以是容易翻脸无情的人。他们心地善良，头脑聪明，而且思考能力特别强；喜欢稳定而规律的生活，不容易被其他事情扰乱计划；有些敏感，凡事追求完美。

有些人习惯身体侧卧，双腿并拢在一起，下巴紧靠枕头，或枕着手腕睡觉。他们大多比较积极乐观，且有决心和韧性，只要是下定决心要做的事情，不论遭遇到什么困难，都绝不会改变自己的想法。而且一旦做起事来，总是会投入百分百的热情和精神，全身心地投入。这种人循规蹈矩，遵守道德、风俗和法律，性格保守，但是他们具有较好的适应能力，能够很快适应各种环境，且做事比较有耐心。

侧卧而弯曲一条腿睡觉的人，通常性格比较自负傲慢，而且缺乏恒心和耐心。他们想要得到很多东西，但是连自己也弄不清楚自己到底在想什么，也不知道自己真正想要什么。他们好像有无穷的欲望，往往是第一个愿望还没实现，就开始许下第二个愿望、第三个愿望。与其说他们是欲望太多的人，不如说他们是"这山看着那山高"，没有丝毫坚持精神的人。他们还非常情绪化，动不动就闹情绪发脾气，看什么事都觉得不顺眼。

另外，不仅是人们的睡姿千奇百怪，每个人睡觉时习惯占床的位置也有所不同。有的人喜欢睡在中央，有的人喜欢睡在床边，有的人则整个人呈对角线躺在床上。

喜欢睡在床中央的人，一般是以自我为中心的人，他们性格积极、自我意识强，并且喜欢主导一切。

喜欢睡在床边的人，时常缺乏安全感，却极力控制自己的情绪。他们极其隐忍，只要没有被刺激到一定程度，就不会轻易反击、动怒。习惯靠左侧睡的人，看待问题比较积极，心态乐观；习惯睡在床右侧的人，则容易悲观，看待问题比较消极。

至于在睡觉时习惯整个人呈对角线躺在床上的人，大多是性格相当武断的。他们在做事时非常精明干练，绝不会轻易向他人妥协，也听不得别人的意见，更容不得别人提反对意见。他们乐于领导别人，有很强的权力欲望，一旦抓住就不会轻易放手；他们非常自私，以自我为中心，绝不会与人分享自己的东西。

4 八种站姿，直观人心内部

有很多人不知道什么样的站姿才是正确的，因此，站起来很不自然，也不美观优雅。他们总是羡慕别人拥有优雅体态，却从未了解那是为什么，也从不刻意留意自己的站姿从而纠正不良站姿。事实上，"站有站相"，站姿中有很多潜藏的信息。一个人的站姿会不着痕迹地折射出一个人的修养、性格以及身体状况和人生经历等，所以它能反映出一个人方方面面的状况。

更为重要的是，站姿也能反映出一个人当下的内心世界，反映出他对环境和某件事情、某个人的想法，甚至能反映出他的职业和身份。我们从一个人的站姿就可以看出他是自信还是懦弱，是镇定还是慌张。所以，一位心理学专家说："脚部的秘密语言在很大程度上表露了我们的性格特征、对谈话对象的看法、情绪和心理状态。双脚是不用语言沟通的神奇渠道。"

通常最标准的站姿应该是这样的：抬头挺胸、收紧腹部、肩膀自然下垂、双手放于下腹前，或是自然垂于双腿处。习惯这样标准站姿的人，内心镇定、冷静、泰然自若。他们一般是比较自信的人，守规矩，且对自己要求严格。

很多人站立的时候非常随性，双脚自然站立，左脚在前，左手习惯放在裤兜里。这样的站姿表明一个人性格敦厚笃实、温和随性，非常好相处，他们从来不给别人出什么难题，也不会斤斤计较，所以人际关系较为协调。他们非常善于与人打交道，不管是在生活中还是工作中，都乐于站在别人的立场思考问题，愿意为别人着想。他们平常喜欢安静的环境，给人的第一印象总是斯斯文文的。不过这样的人并不是没有脾气的，一旦碰上比较气愤的事也会暴跳如雷。

生活中有这样一些人，他们双脚自然站立，但是双手插在裤兜里，时不时取出来又插进去。有这种小动作的人，一般性格都比较谨慎，做事情谨小慎微，凡事喜欢三思而后行，生怕做出错误的决定。在工作中他们最缺乏的是灵活性，往往生硬地解决很多问题，事后又常常因为自己不善于变通而后悔。他们不善于和别人交流，常常喜欢把自己关在一个小屋子里苦思冥想，而不是求助于他人。因为他们时常封闭自己的内心，所以大多经不起打击，一旦遭遇失败就会垂头丧气、埋怨自己，很难从失败的阴影中走出来。

有些人站立时习惯两脚交叉，重心在一只脚上，一手托着下巴，另一只手托着这只手的肘关节。这种人多数是工作狂，他们对自己的事业颇有自信，工作起来非常专心，时常废寝忘食地工作。他们非常有爱心，喜欢帮助和关心别人，也具有奉献精神，但是也多愁善感，有一些伤春悲秋的感慨。但是他们的内心很坚强，一般不会向人屈服，不会因为重重地摔了一跤，就放弃了继续努力的决心。

生活中我们还会看到这样的人，他们时常两脚并拢或自然站立，双手背在身后。这种人大多在感情上比较急躁，他们经常陷入轰轰烈烈的恋爱，但却不能经受爱情长期的考验。可以说，他们并不是长情的人，也不是能经受住考验的人。这种人与别人一般都相处得还比较融洽，最大的原因就是他们很少对别人说"不"，很少拒绝别人的要求。这是他们的优点，也是他们的缺点。虽然他们比较适合做朋友，但是却不适合做爱人。他们性格比较正直坦率，喜欢就是喜欢，不喜欢就是不喜欢，所以他们不是"拍马屁"的高手，他们甚至不知道该怎样去"拍马屁"。他们也非常容易满足，不愿与人争斗，也过得非常快乐。

还有习惯双手交叉抱于胸前，两脚平行站立的人。这样的人性格比较正直、爱打抱不平，也是比较有主见的人。我们经常在电影电视里看到用这种姿势的人，他们总是对对方不屑一顾；我们也经常看到身边的人保持这种姿势，他们很会保护自己，喜欢打抱不平，对任何不平之事都看不惯。这种人大多具有叛逆性，不太在意别人的感受，具有强烈的挑战和攻击意识。在工作中，他们具有创新精神，敢闯敢做，不会因传统的束缚而捆住自己的手脚，更敢于表现自己的能力。

聚会的时候，我们时常会看到有人保持着丁字步，两腿略微分开，两脚略有交叉，一脚维持重心，另一只脚保持平衡。如果你仔细观察就会发现，如果他对对方的谈话感兴趣，就会将前脚尖指向对方。如果他想要离开或是结束话题，就会将前脚尖指向别处或是门口。

有些人习惯规规矩矩地站立，可有些人站立时却不时有些小动作，偶尔抖动一下双脚，双手十指相扣放在腹部，大拇指相互来回转动。爱动是他们表现欲望特别强的体现，他们潜意识中想要吸引别人的注意力。这样的人非常喜欢在公众场合大出风头，如果什么地方出现游行示威的人群，他们通常是走在最前面的、扛着大旗的人。他们大多争强好胜，不能容忍自己落后于他人。而且他们喜欢与别人对着干，以显示自己的与众不同，即便有人说太阳是圆的，他们也会反着来，一定会说是方的。

还有人喜欢把双手放在腹部，拇指插在腰带里，而且一只脚斜站着。如果你对面的人保持这样的站姿，并且不时看着你，那说明他正在打量你。虽然他们的态度并非不友善，但是这样的站姿确实有挑衅的意味。我们时常看到，两群年轻人发生争执、打架的时候，会保持这样的姿势，如果肩膀再抖动的话，那就更让人看着不舒服了。

当一个人解开上身外衣，撩在臀部，双手叉腰地站立时，表明这是在直接挑战。因为他完全暴露了心脏和喉部，表示毫无畏惧。一般来说，一个人准备找人吵架或是打一架的时候就会有这样的动作。在 20 世纪 60 年代，一位身经百战的将军在看到敌人的飞机飞过的时候，就迎着飞来的敌机站着，保持着这种站姿。当人们要他躲避时，他说："有什么可怕的？我就是来打它的。"那种无所畏惧的气势令在场官兵无不佩服得五体投地，以至于很多年后，人们还在绘声绘色地描绘这位可敬的将军。

可以说，一个人的站姿就是其性格、内心世界的一面镜子。我们应该细心观察周围的人，从他们站立的姿势去探知他究竟是怎样的人，究竟具有什么样的性格心理。

5　你该怎么站，才算是得体

爱默生说："优美的身姿胜过美丽的容貌，而优雅的举止又胜过优美的身姿。优雅的举止是最好的艺术，它比任何绘画和雕塑作品更让人心旷神怡。"

站立是每个人都会的，但并不是每个人都能站得得体，站得优雅。试想，当你穿着美丽的衣服，打扮得青春靓丽的时候，却双腿叉开、两手抱胸站立，是不是很不得体？当你面对长辈、师长的时候，却双腿不断地交叉、双肩松垮，双腿不断抖动，是不是很没有礼貌？

所以说，站立很简单，站姿也有很多种，但是怎么站得漂亮、怎么站才得体，就不那么简单了。我们需要注意自己的言行举止，切不可让不良站姿影响自己的形象。

良好的站姿应该是自然、大方、稳重的，要求人们身体挺直、挺胸收腹、双肩打开、头正肩平身直、两腿分开直立、两脚掌呈正步、必要的时候还要面带微笑。古人说的站如松，就是这样的姿态了。这种站姿的人，一看就能给人积极向上、自信正直的感觉，在日常交往中很受人们的青睐。

与之相反，如果一个人站立的时候，松松垮垮、腿伸不直、腰挺不直，头部不是低着就是歪着，还不停地摇晃，那么这个人一看就是没有素质和教养的人。这样的人不是自信心不足就是吊儿郎当，不务正业。而头部下垂、胸不挺、眼不平的人，则很可能是品行不端的人，因为他们做贼心虚，所以头不敢抬胸不敢挺。

在公众场合，人们必须保持得体的站姿，让自己保持良好的形象。在面对不同的人时，我们也应该保持得体的站姿，既维持自己的良好形象，又不失对别人的尊重。

一般来说，我们在面对上级、长辈、老师的时候，应该保持端正稳重的站姿。即两腿并拢、挺直，脚尖向前，双腿共同支撑身体。这种站姿和立正非常相似，虽然比较辛苦，但是却体现了我们对于对方的尊重和重视。比如当上司找我们谈话、交代我们工作的时候，我们就应该保持立正姿势。而如果一个人习惯于这种站姿，就说明他比较沉稳深沉，有教养，做事情一丝不苟。但是这样的人也比较古板，不善于言辞，让人很难接近。

我们面对异性的时候，尤其是不太熟悉的异性，也应该保持得体的站姿。比如在商务会议或是集体聚会中，男性就必须保持自己的绅士风度，不能给人太轻佻的感觉。男性与女性谈话的时候，要保持一定的距离，不可太靠近女性。站立的时候，要双脚叉开与肩同宽、挺胸抬头、目光平视。身体可以稍微前倾，但不能太过于前倾，否则会给人一种压迫感；也不要身斜体歪、两腿叉开很大距离，这不仅是不得体的站姿，也是一种轻浮的举动。同时，双手插腰站立也是非常不得体的，因为这是一种表示权威冒犯意识的姿势，在男女之间的交谈中，这种姿势还有侵犯的含义。

另外，很多人尤其是男性很喜欢双腿张开站立、双腿伸直，两脚距离超过肩部，和地面形成三角形。这样的站姿在人际交往中也是很不得体的，因为这种站姿往往代表挑战、反抗、决斗的意味。很多时候，竞技场上的选手们会在比赛开始或者结束的时候，摆出这种姿势以显示自己的战无不胜，或是给对手以震慑的作用。所以我们应该避免这样站立，否则别人会以为我们正在向他提出挑战。

总之，得体的站姿是我们必须保持的，如此才会给人留下良好的印象。其实，保持得体站姿并不难，我们只要记住三个字就好了，那就是：直、挺、高。所谓"直"，就是站立时身体要与地面保持垂直，腿部要直立，颈、腰、背后肌群保持一定紧张度；所谓"挺"，就是要保持身体各个部位的挺拔，头不下垂，不含胸驼背、不耸肩；而所谓"高"，就是把重点放在两腿中间，这样身体才不会松松垮垮的。

6 好不好相处，看他走路就知道

英国心理学家莫里斯经过研究发现了一个有趣的现象：一个人的身体器官距离大脑的距离越远，就越能表达内心的真情实感。脚是距离大脑最远的，所以他认为手或许可以说谎，但是脚却要比手诚实得多。正因为如此，人们的脚部动作也更能泄露内心最真实的想法。

一些行为学家也提出了相似的看法："在一般情况下，要判断对方的思想弹性如何，只要让他在路上走走，就可以基本了解了。"比如人们的脚步有重有轻，有缓有急，有稳有乱。而一般来说，沉稳的人，脚步都是稳重的，而急躁的人，脚步都是急乱的；有心事的人，脚步都是重的、缓慢的；内心愉悦的人，脚步都是轻快的；如果遇到了着急的事情，一个人的脚步就会变得急匆匆、乱糟糟。

可以说，一个人的情绪不同，走路的姿势也有所不同；一个人的性格不同，走起路来也有不同的风采。

喜欢低头走路的人，大多是内向、没有信心的人。他们的步子绝不是轻快的，总是习惯拖着步子，还时常把两只手插进衣袋里，从来不抬头看路，只知道埋头走。这样的人不愿意面对现实，如果遇到了困境，很容易就被压倒，不知道应该怎么做，也没有战胜苦难的信心。

有的人走路时身体习惯前倾，但不是昂头挺胸。他们的性格一般比较内向和温和，为人低调谦虚，对自己要求非常严格，并且很有修养。这样的人非常容易相处，也很喜欢与人交往。他们做事从来不会张扬，有时脚步很慢，不时还会停下来踢一下石头，或者捡起什么东西来看一下。如果你看到了这样的人，就可以做出这样的判断：这个人有心事，不是有问题很难解决，就是遇到了什么麻烦。

与之相反的是，有的人走路的时候下巴高高地抬起，手臂大摇大摆的，好像是想要引起别人的注意。这样的人性格比较傲慢，不把别人放在眼里，也非常不好相处。如果你想要和这样的人交流，最好先摸清他的个性，避免和他产生冲突。

有的人走路从来都是不紧不慢的，沉着稳定，即便是碰到了最重要最紧急的事也不会着急。这种人做事情讲究稳妥，无论做什么事情都"三思而后行"，不会做冒险的事情，更不会越雷池一步。这样的人比较务实，踏实肯干，而且非常讲信用，说到做到。

有的人走路两手叉腰，上体前倾，就好像是在赶路一样。这样的人可能是急性子，做什么事情都急躁，总希望用最短的时间把事情做完。

还有的人喜欢来回踱步，这样的人比较爱思考。那些陷入思考的人不都是喜欢来回地踱步吗？这样的人性格是内向的，不喜欢和别人交流意见，也很少听别人的意见。他们生活在自己的内心世界中。

而有的人走路总是漫不经心的，就像玩儿似的，一点儿也不规范。这种人与喜欢踱步的人正好相反，他们的性格比较开放，喜欢自由，对周围的所有事情都感兴趣。虽然他们愿意接受各种意见，但是做事情却缺乏认真负责的精神。

总之，脚是最诚实的部位，它是最能泄露人的心理活动的。我们想要了解一个人的性格，以及他好不好相处，就应该对此加以了解。

7 你该怎么走，才让人有好感

走路的姿势是一个人从小就养成的，所以它体现了一个人的性格和修养。从一个人走路的姿势，我们就可以了解他的内心世界，包括快乐或悲痛，自信或是自卑，以及是否受人欢迎等。

比如一个失业或事业不顺的人，走路的时候会无意识地选择靠路边走路，脚步比较沉重凌乱，而且显得垂头丧气；而如果一个人很有精神地靠着路边走，说明他是一个奉公守法而且诚信可靠的人。再比如，如果一个人走路时总是拖着脚，有些随意，则说明他有可能是浪漫随便、意志不坚的人。

所以，观察人的身体行为，必须分辨他的行为是因为一时情绪引起的暂时现象，还是由于个人性格所导致的潜意识的习惯性行为。比如，一个人急着上楼梯或赶路的时候，身体会发生明显的摇摆动作；而一个人在走路或想心事的时候，则会偏着头走路。这些动作都是由于内心的情绪、情感而导致的。可是一个人本身个性轻浮，骄傲任性，那么他平时走路就会习惯于摇摆上身，或头偏倚一侧。现在，我们来看看这些不同的行姿吧：

（1）走路上半身在前头的人

这种人有很强的正义感，好管闲事，但是也有做事浮夸虚张的缺点。

（2）走路跨大步，或上下楼梯两三阶并作一步的人

这种人个性急躁，没有较好的耐心，一般做不成什么大事。

（3）脚步轻松，抬头平视，身体挺直的人

这种人心胸坦荡，是值得信赖的人。他们有主见，且做事认真，如果能积极进取，坚持到底就更好了。

（4）小步行走的人

这样的人缺乏自信和主见，胸无大志，不是一个成就大事的人。

（5）走路时，挺胸凸腹，上身稍微摇摆的人

性格跋扈嚣张、自负骄傲，自视高人一等。这样的人多半事业有些成就，手中有那么一点儿权力，但是却成就不了大事业，他们喜欢仗势欺人、爱摆谱，经常发点儿脾气，因此时常被人瞧不起。

（6）走路时，时常回头旁观后看的人

这样的人疑心病重，可能是神经过敏，也可能是曾经受到重大伤害，或是做过亏心事，因心中不安而疑惧。

（7）肩膀斜晃走路的人

这样的人个性张狂骄傲、非常任性，大多数是不务正业的无赖。

（8）走路呈外八字形的人

性格比较开放，干劲十足。同时自尊心强，有攻击力。

（9）走路呈内八字形的人

与外八字的人相比，这样的人性格内向，忍耐力极强，且为人细心谨慎，小心拘谨。

（10）走路稳重缓慢的人

具有耐心及适应能力，能吃苦耐劳、忍辱负重，能积极为事业和生活努力奋斗，但耳软而心慈，可能被别人利用而受损失。

（11）走路很快，好像脚跟不着地之人

这样的人心慈性急，喜怒无常，不分本末轻重，而且喜欢以自己的喜好来判断他人。

（12）走路一颠三摇摆，吊儿郎当的人

自私任性，睚眦必报，记恨心强，诡计多端。

（13）摇头晃脑走路的人

憧憬幻想，爱做梦，缺乏自信及面对现实的勇气。

观察一个人怎么走路，你肯定会有所收获，你会觉得生活真是妙趣横生。观察别人走路的姿势，我们会了解他的为人、性格以及内心的状况。但是别忘了，当你观察别人时，别人也在观察你，你走路时的姿态也在泄露你内心的秘密。所以，我们应该好好地走路，保持良好的走姿，以便给人们留下好的印象。

我们走路时应该注意抬头挺胸、收紧腹部、肩膀往后，手要自然地放在身体两边，轻轻地摆动，步伐也要轻，不能拖泥带水。男士的步子可以大一些，步伐不要太轻，而女士的脚步就不能太大了。女性在穿高跟鞋的时候也应该注意，膝关节要挺直。

如果你走姿正确得体的话，那你的身体的线条就会漂亮多了，还会给人自信、端庄的印象，如此一来，又怎么能不赢得别人的好感呢？

第五章 服饰就是内心名片，
穿着打扮都是内在个性微体现

　　服饰可以间接为我们传达许多信息。每一个人对于服饰的选择，总与个性脱不了关系，因为，它总是和一个人的心境有着一定的联系。学会通过服饰装扮识人，就能够迅速地把握对方的个性与心理。

1 服饰，决定着第一印象

伟大的英国作家莎士比亚曾说："一个人的穿着打扮，就是他的教养、品位、地位的最真实的写照。"服饰虽然不会说话，但是人们在特定场合的穿着就是其形象、内心的名片，它决定了他人对我们的第一印象。

不妨看这样一个故事：

一个出色的推销员在一次技术交流会上结识了一位经理，这位经理对他推销的产品非常感兴趣，于是便约好了时间进行进一步的商谈。到了那一天，天下起了大雨，推销员便穿上了防雨的旧西装和雨鞋。到了那家公司后，他要求面见那位经理，可是等了一个多小时才得到见面的机会。他热情地说明了来意，可是原本很有意向的经理却变得冷淡起来，冷冷地对他说："我已经知道了这件事情，你一会儿和负责这事的人谈吧。"

推销员感到非常奇怪，为什么那位经理态度变化如此大？回家的路上他一直在反思究竟是哪里出了错，自己从来没有受到过客户的冷落啊。直到他经过一家商店的广告橱窗，看到自己全身的穿着打扮才恍然大悟。自己穿着旧西装、雨鞋，看起来非常邋遢随意，如果自己看到这样的人，也不会愿意和他合作。

没错，服装决定了第一印象。所以，推销大师法兰克·贝格曾非常重视服装给人留下的第一印象。他说："外表的魅力可以让你处处受欢迎，不修边幅的推销员给人留下第一眼坏印象时就失去了主动。"实际上，不修边幅，尤其是在正式的社交场合，不仅会给别人留下不良印象，还会让人感觉你不看重这次会面，不尊重对方。虽然我们的服饰不会说话，但它确实是一种非常重要的语言，可以在人际交往中传递信息、交流情感。

我们在见到一个陌生人的时候，最重要的第一印象是外表，而服饰就是外表的重要组成因素。人们在观察他人时，绝大部分的注意力会集中在服饰方面，因此服饰是否得体直接影响着第一印象的好坏。一般来说，装扮得体容易受人欢迎，而邋遢、不修边幅则容易遭受冷落和疏远。

第一印象在双方之后的交往中起着很重要的作用。一般来说，在初次见面时，一个人能给他人留下良好的印象，那么就会受到人们的欢迎，人们更愿意接近他，之后彼此的沟通就会更加顺利。相反，如果第一印象不好，那么对方就会产生排斥感，可能会对他以后的行为产生误解，甚至不再同他交往。即便之后的表现再好，恐怕也无法扭转第一次见面时产生的坏印象。

所以说，人们通常都会非常注重给人留下良好的第一印象，比如在求职面试时，应聘者在面见面试官的时候就会精心打扮一番，而面试官往往根据应聘者的发型、服装、首饰获取第一印象，并把它作为是否录用的参考因素。如果两位应聘者的条件相当，一般会选中那位穿着更得体的应聘者。这就是我们所说的印象分。

　　虽说"以貌取人"是一种偏见，但是在现实生活中，良好的外在形象确实可以让人占有优势。毕竟爱美之心人皆有之，外貌美能产生吸引力。所以，我们在追求时髦、穿时装的时候，也应该考虑到如何着装才能给人留下好的印象，如何才能让别人愿意和自己交往。其实，在不同的时间、地点、场合，所穿服装的要求也有所不同。如果我们忽视了场合而穿错了服装，就会给人留下不好的印象。

　　比如，《围城》中孙柔嘉第一次去方鸿渐家就是这样：到了方家，老太太瞧孙柔嘉没有照片上美，暗暗失望，又嫌她衣服不够红，不像个新娘，尤其不喜欢她脚上颜色不吉利的白皮鞋。孙柔嘉一心以为白皮鞋是时髦的象征，忽略了老人家的审美需求，从此埋下了与婆婆产生隔膜和矛盾的种子。

　　除此之外，如果我们不是某一场合的主角，那么就尽量不要把自己打扮得太过华丽，这样会喧宾夺主，抢占了主角们的风头，导致场面尴尬。这样一来，我们与别人的交往就会增加很多障碍。

　　我们在选择服饰的时候，应该把对方的个性、谈话的内容及谈话的场合作为依据，从而选择得体适宜的服装。另外，我们所挑选的款式和颜色，应该尽量体现自己的风格，符合自己的身份，这样才能增强我们与别人谈话的效果。

　　服装决定着第一印象，不合适的服饰会产生不好的第一印象。所以，一个人不管身处什么样的环境，要做什么样的事情，都必须注意自己的穿着打扮，如此才会给别人留下一个良好的印象。

2 穿着打扮也能感染人

生活中，穿着打扮的意义远不只是为了遮羞和保暖的需要了，而是越来越彰显出一个人的身份、生活状态、修养素质等。服饰作为一种刺激信号，还可以传递情绪。服饰对于穿着者本人和他人的情绪都可以产生比较大的影响。简单来说，一个人的穿着打扮也能感染人。

比如，穿戴清新潇洒，就会使人的情绪随之振奋，而穿着破衣烂衫，人们的情绪也会随之消沉低落。所以，当女人心情不愉快的时候，或是有让人郁闷的事情的时候，就会上街购物，穿上了漂亮的新衣服，心情就会变得好起来。

美国著名心理学家杰克·布朗通过实验，就证明了适当地选择衣服，有改善情绪的功效。我们可以看到，一个人心情不好的时候喜欢穿宽松、舒适的衣服，因为衣服过于紧身而狭窄的话，就会给人压迫感，使得内心的糟糕情绪更难释放出去；而穿着宽松的服装则会让人呼吸轻松，使得不良情绪得到缓解。

如果你今天心情郁闷，或是上班迟到了，或是被老板批评了，就最好不要穿发皱或容易起褶皱的衣服了，因为这种衣服更容易让你的心情持续郁闷，它会给人一种局促不安的感觉。同时也不要穿硬质衣料制作的衣服，因为这样的衣服不舒适，会给人不舒服感，让人感到僵硬和不愉快。如果一个人感到精神紧张，过度疲劳的时候，不妨穿一件漂亮的衣服，来让自己的情绪得到释放。

衣服的颜色在很大程度上也对人的情绪有影响。当一个人心情不愉快的时候，再穿色调暗的衣服，心情就会更糟糕、更压抑。如果换上色彩明快的衣服，如浅蓝色、淡黄色、红色、玫瑰色，就可以冲淡一些心理暗沉的感觉。如果情绪不好的话，请尝试着选择一些悦目的衣服来调节自己的情绪吧！做到了悦目，自然就可以"赏心"了。

服饰可以让我们变得愉快、高兴起来，甚至连脚下的鞋子也会影响我们的情绪。不同的鞋，会产生截然不同的言语表情。比如，配音演员童自荣在电影《佐罗》中同时为侠客佐罗与总督配音，为了将这两个人物的声音区分开来，他就借助了鞋对人的心理影响，恰当地把握住了两个完全不同的声音语调。为总督配音时，他会穿上海绵拖鞋，这样一来声音就会显得软弱无力，还有些颤抖；而为佐罗配音时，他会选择换上结实的皮鞋，这样一来语调就会轻快潇洒，富有正义感。

由此可见，鞋子对于人们情绪的影响确实非常大。在日常生活中，如果我们的鞋子干净整洁，那么我们就会充满信心，如果破烂不堪，我们就会感到羞愧和自卑。如果我们的鞋子舒适得体，我们内心就会愉悦，而鞋子不得体或不合适，就会搅得我们烦躁不安。有些人在参加面试或是见重要的人之前，会给自己换上新鞋子，除了想要给别人留下好印象之外，也是为了给自己增加信心。

当然，穿着打扮除了可以调节我们的情绪，对于人与人之间的相互感染也有重要的作用。"背景相近"是产生感染的重要心理条件，而心理之间的相互感染与人们所处的环境有很大关系，这包括地位、价值观、习俗、习惯，等等。因为同一阶层的人在服饰方面总会有共同之处，人们更愿意与那些和自己有共同服饰观念的人相处，而疏远那些与自己审美情趣不一致的人。就像是人们喜欢和自己习惯、爱好相似的人交往，愿意和相同阶层的人亲近一样。背景相近才更容易产生好感，更有利于缩短心理距离，建立良好的人际关系。而人们也会利用这种效果来增进人与人之间的关系，以便让自己更顺利地办事。

　　比如，领导下基层时，首先会在服饰上"入乡随俗"，穿上和群众相似的衣服，这样才能让群众有亲近感，避免隔膜的产生，从而方便沟通思想感情，了解到真正的民情。里根在担任美国总统时，就时常穿着宽肩膀"美国造"西服；布什则在竞选总统的时候，选择浅色调西服，搭配蓝调卡其布厚衬衫。里根和布什之所以选择这些平民化的服装，就是为了营造与人民群众相似的背景，从而塑造亲民感，赢得群众的好感。

　　再比如，球迷们在观看足球比赛、篮球比赛的时候，通常会统一穿上支持该球队的队服，这不仅是为了显示他们对于球队的支持，更是一种"背景相近"原理的体现。我们会发现，统一队服的球迷因为彼此感染，其士气更加高昂、振奋，他们的情绪也会感染队员。而正是因为如此，他们所支持的球队也更容易取得好成绩。

总之，人的衣着打扮和情绪是密切相关的，也就是说，衣着打扮可以感染和调节人的情绪。

3 服饰就是一个人身份的名片

服饰不仅是人们外在形象的体现，对于人们的情绪也有很大的影响作用，而且还具有一个显著作用，那就是展示作用。人们往往可以通过服饰来判断一个人的社会地位、经济状况、民族、职业、年龄等特征。而且这种展示作用是非常直接、明显的。可以说，我们可以通过一个人的服饰，一眼看出这个人的年龄，看出他是贫穷还是富贵，是从事哪一种职业，以及社会地位究竟是什么样的。

在古代，服饰是用来区分人们身份高低贵贱的重要标志。比如中国古代贵族的礼帽是有区别的，上面垂着的玉珠串叫作旒，天子所戴的冕十二旒，各诸侯大夫依次递减，诸侯九，上大夫七，下大夫五。这种等级的划分是非常严格的，不能僭越。而到了隋代，官服的颜色也会因为品阶的高低而有所区别，以后各代基本沿袭。简单来说，就是三品以上服紫，四品、五品服绯，六品、七品绿，八品、九品青。而平民则穿着白色、青色的服装。而女性的服饰也有所区别，一般都会跟从丈夫的品阶。从一个人的服饰也可以分辨出贫穷富贵，穷人的服装多数是粗糙简朴的，甚至是破旧的，而富人的服装则是雍容华贵、绫罗绸缎。

比如在《红楼梦》第四十二回中有这样一段描写：只见贾珍、贾琏、贾蓉三人领着王太医前来，而王太医只敢走旁阶，跟着贾珍走上了台阶。前面两个婆子早早就在两旁打起帘子，并由两人在前引导，之后宝玉迎了出来。只见贾母身穿一件青绉绸的羊皮褂子，端坐在榻上，两边站着四个丫鬟，手中拿着蝇刷漱盂等物，还有五六个老嬷嬷在身边伺候。王太医立即上前请安，也不能抬头。贾母见来人穿着六品服色，就知道是御医了，含笑道："供奉好！"后来又问贾珍："这位供奉贵姓？"贾珍立即回答说："姓王。"贾母笑道："当日太医院正堂名叫王君效，医术很不错。"王太医连忙躬身低头含笑，回说："那是晚生家叔祖。"贾母笑着说："原来这样，那我们也算是世交了。"贾母在见到来人的时候，第一眼看的就是他的服饰装扮，而且从穿着服饰的颜色便知晓了他是御医。所以说，服装对于人们身份地位的展示作用是非常明显的。

不仅在我国是如此，西方国家的服饰也具有非常明显的展示作用。比如古罗马人的服装，市民虽然都穿着宽长袍，但是颜色不同，地位也有所不同；执政官的服装是白地藏青色，带有紫色花纹；

王侯和祭官、骑士的礼服则是紫色，或是绯红与紫的组合色；凯旋的皇帝和将军则身披红紫地加金丝刺绣的斗篷。另外，在 14 世纪的英国，各阶层的服装也有显著的区别，且有法律的规定。

当然了，在现代社会中，等级的区别一般已不再存在，人们穿着比较随意，但服饰的展示作用依然存在，我们一样可以通过服饰判断一个人的年龄、职业、贫富等特征。比如，年轻人比较喜欢时尚、靓丽、个性化较强的衣服；而中年人比较喜欢穿端庄、稳重、样式简单的衣服；老年人的服装则更倾向于素雅了。再比如，很多职业的服装具有显著特征，比如警察、军人、学生、医生等。人们习惯于服从和信任穿制服的人，比如在马路上，人们习惯听从穿警服者的指挥，而不服从穿便服者的调遣，所以值勤人员需佩戴袖标才能获得行人的信任。另外，传统的民族服装则是一个民族的象征和标志。

现在，富人和普通人的衣服在质量和品牌上也存在着显著的差异。虽然说服装的款式非常丰富，年轻人也比较追求时尚和流行，但是不同品牌的服饰所呈现的质量和感觉也是有所不同的。一般来说，比较富裕的人喜欢穿名牌，而普通人就比较倾向于选择性价比较高的服饰。

虽然我们不提倡以服饰来判断人的品格价值，但是服饰确实可以体现一个人的真实情况，所以我们要善于观察每一个人的服饰。

4　透露内心信息的，往往是衣着打扮

服饰不仅可以体现一个人的社会地位、经济状况、民族、职业、年龄等信息，还可以含蓄地、间接地向他人提供信息，同时影响着他人的心理和行为。虽然说在人际交往中，人们最重要的交流工具是语言，但是当语言表达受到限制时，我们也可以通过服饰来传递信息，利用服饰来向他人表达自己的内心思想。这样一来，对方就可以根据我们所穿的服饰而做出正确的理解。

比如，生活中女孩受到男孩邀请的时候，如果女孩喜欢这个男孩，就会精心打扮一番，穿上漂亮的衣服，而男孩看到这样的情形，就会明白女孩的爱意。如果女孩对男孩并没有喜欢的意思，但是又不好意思拒绝，就可能穿着普通的衣服。

在《围城》中，苏文纨想要追求方鸿渐，却不知道方鸿渐对自己的表妹唐晓芙有意。在月圆的晚上，苏文纨特意邀请方鸿渐到自己家，并且还精心梳妆打扮了一番，向方鸿渐暗示爱慕之情。方鸿渐见此情形，立即察觉了苏文纨的心事，既想逃避，又不好抽身离去，所以才会觉得"后悔莫及"。

同时，人们所处的场合不同，面对的对象不同，也会选择不同的服饰。在与人见面的时候，我们一看到对方穿着庄重的衣服，就可以知道要谈的话题非常重要、严肃。比如法国前总统戴高乐在出席正式场合时，通常会穿三件一套的西服，但是在1961年的

一次电视讲话中他却换上了军装，因为当时有人企图发动政变。作为总统，戴高乐不能在公开场合披露关于政变的内幕，但是为了让民众知晓情况的严重性，他利用军装进行暗示。广大民众不用听讲话内容就能理解他的用意，因为他的肩章和饰带就是力量和决心的显示。同时，与话语本身相比，这身军装更有深意，方式更巧妙，效果更强烈，更能击中民众的内心。

很多时候，国家元首的着装并不是随意、偶然的，而是有内在含义的，他们是在利用服装传达意图。比如摩洛哥国王哈桑二世有时穿长袍，有时穿西服，民众可以从中领会到他的意图，穿长袍时暗示他是宗教领袖，穿西服则暗示他是国家元首。

可以说，有时候服饰要比语言更具有直观性，更能让人明白对方所表达的情感，它所包含的信息可以直接刺激对方的视觉器官。因为人们在讲话的时候，需要一句一句地说，而对方需要一句一句地听。因此，从传播的速度来看，服饰语要比口头语言快得多，暗示作用也更直接、更快速。如果企业的领导者要召开一个重要的员工大会，宣布一条非常重要的通知，他用语言会说："我们今天的会议非常重要，我要宣布一个重要的通知，大家一定要重视起来。"很多时候，这样的话重复几遍，可能有人还没有明白问题的严重性。可是如果领导者穿着的服饰比较严肃、庄重，再加上严肃的面部表情，那么不用说，员工们也会明白这次会议的重要性。

通常来说，新闻发言人是非常重要的角色，不管对企业还是对国家来说，他们代表的就是这个企业和国家的形象和态度，所以他们相当注意自己的服饰。因为他们深知，当自己出现在记者面前时，最先透露信息的是他们的服装。

比如，美国白宫前发言人斯皮克斯在回忆录中写道："那天，我在新闻记者们面前出现了三次，从我的服装上，他们就能明白事态的发展越来越严重。第一次，我身穿工装裤和一件西式衬衣。第二次，我换上了蓝色运动上衣和一件细条纹衬衫，但依旧穿着工装裤。而第三次，我则穿上了笔挺的西装。"

总之，服饰不仅仅是一件衣服，更蕴含着很多信息，所以，作为表达者，要善于利用服饰表达自己内心的想法；而作为接受者，更要及时正确地判断，从服饰判断出对方所暗示的深意。

5　服装的色彩选择与心理特征

人们总是想要伪装自己，掩饰自己的真实内心。但实际上，人们想要掩饰的东西，却时常被自己喜好的服装，包括颜色、材质和款式所暴露出来。因为每个人选择的衣服，虽然是穿在身上，掩饰了自己的的肉体，却暴露了内心。

当你每天选择不同服饰的时候，虽然并没有说什么特别的话，但是衣服穿着却显露出你的真实情绪，并且表达了一些隐藏的希望，所以说，我们从服装尤其是色彩上就可以判断一个人的偏好和性格。可以说，色彩不仅在服装的外观上具有难以言喻的魅力，能表达服装的质感和美观，更能体现一个人的个性和情绪，是一个人内心情感最显著的体现。

一个人选择什么色彩的衣服，和他的性格和情绪有着密切的关系。比如，男性比较喜欢冷色调和中色调，因为这些颜色显得人们庄重、威武、深沉。青年人比较喜欢活泼、热烈的色彩，中老年人喜欢沉稳、深厚的色彩。而艺术家的性格一般浪漫、自由、奔放，所以他们会选择富有浪漫意味的仿旧色彩。

而由于风俗习惯的原因，衣服的颜色也具有一定的代表意义。

（1）白色

代表纯洁，时常用于新娘礼服等。

喜欢白色的人性格乐观、积极进取，不过也不排除有洁癖的倾向。同时，选择白色衣服的人比较喜欢追求完美，这样的人内心比较寂寞，渴望引起别人的注意和关心。他们还比较爱钻牛角尖。

（2）黑色

表示严肃庄重，正式礼服通常是黑色。但是黑色也代表着沮丧、悲伤、深沉，所以，丧礼礼服也通常使用黑色。

喜欢穿黑色衣服的人比较阴沉、沉闷。如果一个人情绪比较抑郁的话，就会选择黑色来逃避别人的注意。这样的人，大多是不善于交际的人，想要用黑色来掩饰自己内心的不安和恐惧。

（3）灰色

表示谨慎，中老年人比较喜爱。喜欢这样颜色的人，通常是一个不容易相信别人的人，他们做事情追求完美，凡事一定要做得完美才行，否则宁愿不做。他们不爱相信别人，更不会轻易把事情交给别人。所以，想要赢得他们的信任是非常难的事情。

（4）红色

代表着积极、热情、向上，也代表着喜庆、喜悦。

喜穿红色服装的人性格开朗，积极乐观，一般是比较有激情的人。他们领袖欲强，喜欢领导别人，喜欢运动、游戏及舒适的生活，并且爱好与人交往，在这个过程中能够热情待人。喜欢红色的人，大多是精力旺盛的行动派，他们的好奇心非常旺盛，如果对一件事情产生了好奇感，即便花再多力气也会满足自己。他们做事充满热情，但是往往缺乏耐心，一遇到挫折就容易失去原本的热情。他们心直口快，说话时常不经思考，也不会考虑别人的感受。

（5）蓝色

表示冷静、高贵、理智，也代表真挚与智慧。

喜穿蓝色的人性格比较随和，具有冷静的头脑及人格，但是却没有积极进取的精神，安于现状。他们喜欢安静，懂得控制自己的感情，很有责任心。但是个性也非常固执，认定的事情不达目的就决不罢休。他们不善于与人交往，所以时常生活在自己的小圈子里。

（6）黄色

意味着尊贵，古代帝王和贵族的服饰一般都是黄色的。

黄色也意味着青春、明亮，如果一个人喜欢黄色，说明他是轻松愉快的人，喜欢新事物和新观念。虽然这样的人有时会见异思迁，没有什么长性，但是却可以激情满满地做一件事情。

（7）绿色

表示高尚、青春和活力，也代表着仁慈、理性。

喜欢绿色的人有爱心、博爱，具有公德心，关心他人，特别是关心那些较为不幸的人。他们的个性谦虚平实，善于克制自己，不爱与人争论。他们的内心不容易烦乱，很少出现焦躁不安和郁闷忧愁的时候。和蔼可亲、个性直爽，就是这样的人最大的特点。

（8）紫色

表示华贵、神秘，也表示忧郁。这样的人性格比较内向，多愁善感，时常会感到焦躁不安，但是能够驾驭和控制自己的内心情绪。他们又喜欢自命清高，对于不是同一个领域的人往往会表现出不屑的态度。所以，这样的人也不容易相处，让人觉得有些"矫情"。

其实，系统地说，服装的颜色可以分为三个色系，就是冷色、暖色和中性色系。

深色和黑色属于冷色系，穿着暗淡或黑色系衣服的人，虽然给人朴实、沉稳、理智的感觉，但是这样的人也给人以心情抑郁、沮丧和焦虑的感觉，他们还会将情绪的不愉快感受传递给身旁的人。虽然说，黑色一般是正式场合的选择，也是当今比较流行的颜色，但是习惯选择黑色的人通常与抑郁有关。

红、黄、橙等属于暖色系，这种颜色比较明艳，表示轻松和乐观。如果一个人喜欢色泽明艳的衣服，说明他的性格乐观，积极进取，是一个性格外向的人，喜欢和别人交往。

而中性色系就是浅灰、墨绿、咖啡色或灰色了，如果一个人喜欢中性色系，说明他对日常生活的态度是谨慎的、理智的。他们通常会抑制情绪冲动，从来不轻易与人发生冲突。这样的人心地仁慈、内心坚定，比较遵守纪律。虽然比较理性，但是也时常用理性来自欺。

当然，服装的色彩也是情绪的体现，高兴了就喜欢明艳的色彩，郁闷了就喜欢沉闷的色彩。但如果一个人穿着不相称的颜色，或其衣着的颜色极不适合某种场合，那么就说明他在情绪上有问题，我们应该多加注意和观察。

服装的颜色就是一种会说话的"色彩语言"，它传递的是一个人的兴趣爱好、性格特征、心理状态等多方面信息。我们只有掌握了这门语言，才能看透对方，为自己的人际交往增加有利的砝码。

6 衬衫是男人的个性的直接体现

时装大师费雷曾经说："衬衫是男人体现身份地位的标志，也最能体现自身的个性。"衬衫是男人最普通的服饰，也是多数场合离不开的服装。所以，我们可以从男人衬衫的款式、颜色来识别其内在的个性特征。

比如，衬衫有不同款式的领子，包括标准领、异色领、敞角领等。标准领是最普通、最常见的款式了，当然这样的人也最没有个性，他们性格保守，不求突破，也不会犯什么错误。异色领则比较有特色，这样的人比较有活力、年轻，在生活和工作中也爱寻求改变。而喜欢敞角领的人就更加喜欢自由、随性了，他们非常浪漫奔放、不拘一格，据说当年"不爱江山爱美人"的温莎公爵最喜爱这种领子。

同时，不同的人喜欢的花色也不同，有的人经常穿着单色衬衫，这样的人性格通常比较安分守己。而喜欢穿花纹、花格子或花色繁杂衬衫的男人，欲望比较强，也大多有智慧、有才华，但是也比较自负、聪明、风流。再比如，喜欢蓝色系衬衫的人，通常热衷文学艺术；喜欢黄色系衬衫的人，比较喜欢从事音乐及设计等工作；而喜欢鲜黄衬衫、阔领带的人，则有较强的占有欲。

下面我们就来看看，各种衬衫颜色分别代表着怎样的个性：

（1）白色

喜欢白色衬衫的人，多数比较规矩本分，在工作上能尽职尽责。他们一般都是银行职员、公教人员，以及普通办事员。白色衬衫虽然并不一定是制服，但往往起到隐藏性格的作用，有统一从众的意味。

米色和白色比较相近，年轻人比较喜爱穿着，他们喜欢纯洁、干净的颜色，但是觉得白色太过于单一，与喜欢白色的人相比，他们拥有一颗向上和活泼的心。

（2）黑色

黑衬衫给人一种很酷的感觉，所以小有成功的人士比较喜欢这样的颜色。他们有冒险精神，体力充沛，大多喜欢争强好胜，想要支配别人。

（3）灰色

喜欢灰色衬衫的人，内向而不愿随便表露心意。一般情况下，中老年人喜欢这样的颜色，如果年轻人喜欢，则表示他人很本分，不喜欢张扬，循规蹈矩。但现在，灰色已经成为时常的宠儿，所以很多时尚青年喜欢穿灰色。

（4）褐色

褐色或是咖啡色，比较老成稳重，所以高级知识分子、高级领导人喜欢穿这种颜色的衬衫。这种颜色的衬衫最适合搭配西裤，不适合穿西装，否则感觉很压抑。

（5）红色

喜欢红色衬衫的人自我表现欲强烈。如果是橘红色，则是想要引起别人的注意，精力非常充沛。

（6）粉红色

粉红色是比较梦幻的色彩。如果一个人喜欢粉红色衬衫，说明他内心单纯，有着美好的心灵，对于生活和异性有很好的的憧憬与企图。

（7）紫色

除了艺术家等特别职业的人喜欢紫色外，如果普通人喜欢紫色，则说明他们内心比较寂寞，性格有些忧郁。

（8）淡蓝色

喜欢淡蓝色的人事业心重，对于工作认真负责，有责任心，那些热爱工作、兢兢业业的人都喜欢淡蓝色。所以很多公司要求员工穿淡蓝色衬衫，其实是想用服装来给予员工暗示，让其认真工作。

7 服饰风格是心灵的舞台

郭沫若曾经说："衣服是文化的表征，衣服是思想的形象。"人的穿着打扮是一个人素质、修养、个性、情绪的体现，而其服饰风格也展示了其内心情感。可以说，服饰不仅是一种文化的体现，更是展示自我心灵的舞台。

不同的人，喜欢的服装风格也有所不同，有的人喜欢朴素的衣服，有的人则喜欢追求流行，有的人喜欢朋克风，有的人则喜欢田园风。而这些就是他们对自己内心的述说。

（1）喜欢华丽华美的衣服

很多人喜欢华美的衣服，尤其是在公众场合，更喜欢穿着引人注目的服饰。这样的人一般喜欢出风头，具有强烈的展示自我的欲望，同时对于物质和金钱也很看重，虚荣心也非常强。如果你想要和这样的人交朋友，多夸夸他们的服装，就可以赢得他们的好感。

（2）喜欢朴素服饰的人

喜欢朴素服装的人，一般都是比较朴实的人，他们性格坚强、正直，做事情有计划，但是却缺乏信心。他们喜欢安定的生活，没有太强的表现欲。但是比较重视现实，人情味非常淡薄。

如果一个人平时喜欢朴实的服装，但是在某次聚会或是豪华的场合中选择盛装出席，那么你就要注意了，这样的人可能非常单纯，也可能非常有心计。

（3）喜欢追求时髦的人

有些人非常喜欢追求时髦和时尚，平时总爱穿着时髦服装。这样的人通常比较没有主见，喜欢随大流，他们以为自己是跟随流行走，但是却不知自己内心的喜好，甚至不知道自己真正喜欢什么。他们的内心时常会有一种孤独感，非常没有安全感，所以他们的情绪波动非常大。

（4）对流行毫不在乎的人

与前面一种人相反的就是对流行毫不在意的人。他们个性非常坚强，喜欢以自我为中心，不会在乎外界和别人的看法。他们喜欢标新立异，个性也非常固执，所以并不是很好相处。

（5）没有什么固定风格的人

生活中有很多这样的人，他们穿衣完全没有风格，喜欢穿什么就穿什么。这样的人看起来比较随意，让人无法捉摸。他们的情绪大多不太稳定，有时很高兴，有时突然就会变得伤心起来。或许他们喜欢过不一样的生活，希望生活可以变化多一些，但是却有逃避现实的行为。

（6）穿衣很随意，甚至有些不修边幅

这样的人总是很随意，我行我素，独来独往。他们不喜欢打领带，不喜欢穿西服，穿着上喜欢不修边幅，他们也不喜欢被别人

指挥和领导，而是喜欢领导别人做事。同时，他们非常有活力，精力旺盛，喜欢从事自由的行业，比如自己做生意或是自由职业者。

穿衣风格也是一个人的性格，可以说，从一个人的服饰风格来判断其个性、心理，是最好的方法。

第六章 任何与人体有关的配饰，
都是性情和心思的呈现

美国一位心理学家说，女人选择的首饰不仅可以反映出她的爱好和眼光，还可以折射出她的性格和心理特征。不仅如此，鞋子、帽子、眼镜、包等与人体有关的配饰，都是一个人内心最真实的体现。

1 配饰，就是强化身体语言的道具

心理学家认为所有的工具都是人类器官的延伸，人们的身体语言就是思想交流沟通的隐性工具，而人们身上所穿所戴的"道具"就是其辅助道具。身体语言加上与人体有关的服装配饰，就可以对语言的表达起到强化的作用。比如交通警察和指挥者使用的"指挥棒"等，就是人们身体语言的辅助性工具。

我们还发现，日常生活中凡是和人体有关的东西，都具有强化身体语言表达效果的作用。比如用具、佩饰、摆设、装饰物……这些身外之物一旦和身体语言相结合，就可以传递我们内心想要表达的信息，可以把我们内心中最真实的情感表达出来。同时，它们还具有强化情感的作用。

比如当人们发怒时，就会不管不顾，随手抓到什么就摔什么，这时候身上的配饰包括皮包、帽子等，就成为了泄愤的工具；当人们高兴的时候，不仅会满脸喜悦、手舞足蹈，而且会利用手上的东西来强化，有时不仅会抛起自己手里的东西，在狂欢时甚至会把人给抛起来。毕业生在庆祝自己毕业的时候，时常会向天空抛其学士帽，以表示自己兴奋、愉快的心情。而运动员在庆祝胜利的时候，时常会抛起全场表现最棒的那个人。另外，人们在给别人送行的时候，通常会挥手致意，如果对方已经走远，为了表示依依不舍的深情，人们通常还会挥舞手中的帽子或手帕。这样的场景，我们经常在火车站看到。

事实证明，我们身上的配饰是我们表达情感的工具，对于强化身体语言有很大的作用。人们为了强化自己的情感，不仅会运用身体语言，还会利用身边一切可以利用的东西，包括配饰。比如，在约会的时候，女人为了表达自己的魅力，通常会戴上项链、耳环；聚会的时候，女人为了显示自己的地位，会背上昂贵的皮包。

我们可以看看这样的事例：

好莱坞巨星费雯丽，当初为了争取郝思嘉这个角色，就花了很多心思。当她被导演大卫·奥·塞尔兹尼克要求试戏时，摄制组正在拍摄亚特兰大的火灾场景。她戴着宽边黑帽，遮住了半边美丽的面孔，黑色的衣衫显得身材窈窕，在大火的映照下，美丽动人、娇艳无比。费雯丽的身段、风度、气质深深地吸引住了塞尔兹尼克，他惊叹道："天啊！……只看一眼，就知道她才是郝思嘉，是我心目中的郝思嘉。"

正是因为费雯丽精心挑选了服装和配饰，强化了自己的性感和美丽，更表现出了她对这个角色的渴望，所以才给导演留下了良好的印象，赢得了绝佳的机会。所以，我们在与人交往的时候，除了要注重身体语言的表达效果，更应该看重配饰的强化作用，因为它们就是身体语言的最佳辅助工具。

2 看女人的鞋子，就可以知晓女人心

现在很多人关心自己的鞋子是否漂亮，是否是名牌，衣服与鞋子如何搭配，以及如何穿出更符合自己形象的鞋子。不过很多人不知道，同服饰一样，人们对鞋子的选择也透露出了内心的一种潜意识，流露出了内心的秘密。

相对于男人来说，女性更看重自己的鞋子，女性能够选择的鞋子款式也要多得多。新闻中就曾经报道过，一个女人收藏了一屋子漂亮的鞋子，高跟、低跟、中低跟、船鞋、高筒靴、矮筒靴、铆钉鞋……总之，女人就是喜欢各种款式的鞋子。女人们喜爱的鞋子和经常穿的鞋子与其性格之间又有什么样的关系呢？我们需要多多注意观察其中的细节：

（1）高跟鞋

生活中，越来越多的白领喜欢高跟鞋，它们漂亮时尚，可以尽显自己的身材，使自己看起来显得更高挑，步姿更加婀娜动人。所以，时尚爱美的女人都喜欢穿高跟鞋。另外，穿高跟鞋也可以让她们看起来精明、干练，这样的女人对自己也非常有信心。记得在电影《穿普拉达的女王》中，镜头特写一直展示女总编米兰达那双红色高跟鞋，时尚、艳丽，有着高高细细的鞋跟，这也向我们预示了这位总编是一个干练、精明的领导，又通过一系列的镜头反映出她追求完美却又尖酸刻薄的性格。

（2）坡跟或平跟鞋

坡跟或平跟鞋穿起来非常舒服，喜欢这种鞋的人一般都是脚踏实地、思想开放的人。她们通常受过良好的教育，不喜欢太过于张扬，讨厌矫揉造作的人。她们中的绝大部分不注重形式，只看重内在，为人低调、崇尚自然、不爱慕虚荣，而且不看重金钱和名利。她们喜欢安逸低调的生活方式。

在爱情方面，她们崇尚浪漫，对爱情有着梦幻般的激情，对于感情比较认真负责。她们喜欢浪漫、有激情，但绝对不是爱玩弄感情的人。她们喜欢幻想，希望自己的理想对象必须和自己一样，但是有时候在感情上非常较真、追求完美。

（3）系带皮鞋

喜欢系带皮鞋的人，都比较细心有耐心，不管做什么事情都不怕麻烦。她们做任何事情都有一定的程序和规则，不允许被人随便打乱，或半途而废。也就是说，她们是有始有终的人，不喜欢不按常理出牌。如果她们在做事情的时候，你突然打断的话，她们会觉得你非常不尊重她。

她们大多脾性温和，懂得关心体贴他人，喜欢照顾别人，会给人最大的安全感和舒适感。所以别人也信任她们，愿意和她们待在一起。正因为如此，她们的肩上也背负着很多压力，所以生活也比较劳累。

（4）轻巧、华丽的皮鞋

这样的鞋子非常漂亮，色彩极其艳丽夺目，款式也是多种多样。喜欢这种皮鞋的人，喜欢装饰自己，爱漂亮、喜欢时尚。如果是外出的话，几乎每次都要花上一两个钟头打扮自己。她们非常留心服装的潮流，喜欢参加服装博览会和时装表演，喜欢逛街，但她们并不盲目地追求潮流，有自己的品位和个性。

她们以自我为中心，大多只关心自己的爱好，而友情、工作只是她们生活的点缀品。她们也非常看重别人怎样看自己，同时她们还会摆明态度，表示不欢迎别人的批评。可以说，她们一般都是非常自恋的人，认为自己绝对不会犯错，也没有任何缺点。

（5）皮靴

有些人非常喜欢皮靴，不管是什么时候，不管出入什么场所，脚下总是穿着皮靴。

她们是比较强势的，性格中没有一点柔弱的成分。在工作中，这种人大多是强硬派，喜欢迎接挑战，越是难完成的任务就越能激起她们的欲望。她们喜欢为别人做主，在家庭中一般是一家之主，也不容许别人违背自己的意愿。而且，这种人是有先见之明的人，预感到情形不对的时候，就会提前采取防范措施。

（6）运动鞋

很多人喜欢穿运动鞋，这样的人喜欢与人交朋友，乐观向上，所以受到人们的欢迎。她们也喜欢旅行，不喜欢在一个地方待太长时间。她们也喜欢被需要、被钦佩的感觉。

（7）楔形高跟鞋

穿着这种鞋的人，通常性格比较直爽，喜欢直截了当的方式，绝不会在背后耍小心眼。她们对自己有信心，做事情干脆果断，绝不会犹豫不决。

3　能盖住额头却盖不住内心的帽子

从古时候起，帽子就成为了一种权力和地位的象征。我国古代的官员会戴乌纱帽，武将会戴头盔，而普通百姓则不能戴帽子，他们时常会用头巾作为帽子。而在西方国家也是如此，国王戴皇冠，官员戴官帽，普通人戴暗色的帽子。就连破产的人也会用帽子区分开，他们会戴黄色的帽子。

随着社会的发展，帽子的功能和含义虽然发生了变化，但是也具有不同的含义。我们凭借一个人戴帽子的喜好，就可以轻松知晓他的内心。生活中，很多人喜欢戴帽子，有的可能是为了保暖，有的可能是为了美观，有的则是为了掩饰自己的一些缺陷。可是，很多时候，帽子不仅仅只是一个装饰，虽然说它能盖住一个人的额头，但是却盖不住他的内心。那么，不妨看看周围的人，他们都选择了哪种形式的帽子？

（1）礼帽

戴礼帽的人，通常想让人感觉自己有沉稳和成熟的气质。在公众场合，这种人经常表现出对传统的热爱，比如喜欢听古典音乐和欣赏芭蕾舞等，不喜欢流行歌曲。他们是守规矩的人，甚至会站出来反对那些他们以为是糟粕的东西，制止那些他们视为离经叛道的行为。

如果是男人，他们喜欢穿西服打领带，一板一眼；如果是女人，则喜欢穿套装旗袍，对于那些袒胸露背穿超短裙的女人则是不屑一顾。不管在什么时候，他们的皮鞋都擦得锃亮，对袜子要求厚实的感觉，即使是炎热的夏季，这种人也会拒绝穿丝袜，同时他们也讨厌穿着凉鞋和拖鞋。他们看不惯任何离经叛道的东西，也不喜欢标新立异的人，所以显得非常清高。

在与人交往的时候，他们比较保守呆板、不容易说真心话。虽然他们和人交往的时候，都保持彬彬有礼的态度，但是却无法真心相交，所以和任何一个朋友之间的友谊都不能保持应有的深度，无法获得真诚深切的友谊。虽然他们也想要改变自己，但是他们天生的性格使他们难以表达自己的心思，有时反而适得其反。

（2）鸭舌帽

鸭舌帽可以显示出稳重、忠实的形象，所以过去一般是中老年人钟爱的。但现在，很多中青年人也会戴鸭舌帽。规规矩矩地戴鸭舌帽的人一般是从事艺术、科研工作的人，他们比一般人更活泼，但是却不乏稳重。而现在很多年轻人喜欢反戴鸭舌帽，显得比较个性、创新，但是却并不意味着对传统的叛逆。

他们善于保护自我，不会攻击别人。他们很少伤害别人，但也不容许别人伤害自己。他们通常比较吃苦耐劳，从来不相信不劳而获或少劳而获，如果这样的人获得了成功，那么就绝对是通过艰苦创业获得的。同时，他们认为自己所拥有的财富来之不易，所以从来不会随意挥霍。

（3）各色旅游帽

旅游帽并不是运动、游行专用的帽子，在日常生活中也很常见。它不仅能在秋冬御寒，也能在春夏抵挡太阳的照射，但更多的是作为装饰之用。很多人喜欢用这种帽子来装扮自己，可能是为了美观，也可能是用来掩饰自己的缺点。

除了不同的款式，帽子的颜色也蕴藏着不同的信息。有些人喜欢在不同的场合根据自己不同颜色的服装来搭配不同色彩的帽子，这样的人就是天生会搭配且衣着时尚的人。他们喜欢色彩鲜艳的东西，喜欢追求时尚，每当周围出现新鲜玩意儿，他们总是第一个吃螃蟹的人。他们希望生活过得多姿多彩，懂得享受人生，并且总是走在潮流最前端。

同时，他们是不甘寂寞的人，因为精力旺盛、朝气蓬勃，所以无法忍受寂寞，无法忍受平凡的生活。他们总是追求激情，喜欢游玩，喜欢挑战。他们有激情，但是却容易被负面情绪所左右。当他们热情起来时，就会干劲十足，可一旦空闲下来，就会感到寂寞、空虚。

有人喜欢戴帽子就有人不喜欢戴帽子，生活中不戴帽子的人很多，每个人又各有其特征，有的人是比较自恋，想要随时展现自己的一头秀发；有的人则比较随意，不愿意受到帽子的约束；有的人则认为自己是普通的人，没有必要进行修饰。但是，这些不喜欢戴帽子的人都有一个共同的特征，那就是不喜欢受束缚，喜欢独来独往，按照自己的方式做人。他们讨厌应酬，认为时间应该花在更有意义的事情上。

总之，帽子不仅仅具有御寒、美观的作用，还能帮助我们树立良好的形象，更能够体现一个人的个性。在众多品种的帽子中，你会选择哪种形式的帽子呢？你又希望通过帽子来给自己带来怎样的气质呢？

4 眼镜背后究竟隐藏着什么

眼镜是人们最重要的装饰，对于视力有问题的人来说，戴眼镜可以帮助他们矫正视力，更清楚地看清这个世界。而对于视力正常的人来说，戴眼镜可以改变他们的形象。事实上，人们也时常认为戴眼镜的人显得更斯文、有学问；而有些人还喜欢戴墨镜，让自己看起来酷酷的。

对于大多数人来说，眼镜是装饰品，同时，人们也可以用眼镜来表达内心活动和传达交际信息。而佩戴的眼镜不同，向人们传达的信息也不一样。

（1）墨镜

以前，人们戴墨镜只是为了保护自己的眼睛，避免室外阳光刺激到自己的眼睛。现在，人们戴墨镜的目的却并不是仅仅如此。有些人戴墨镜，是为了可以看到别人而别人却看不见他的眼睛，这样他们就可以隐匿自己的真实面目和情感。因为眼睛是最能泄露自己内心的，他们戴上墨镜就是为了避免泄露自己内心的秘密。另外，戴墨镜也可以增加人们的神秘感和距离感，使人感到难以接近或交往。有些名人为了躲避记者的闪光灯，或是隐藏自己，也喜爱戴墨镜。

值得注意的是，在葬礼上，穿黑色衣服，戴黑色帽子或黑色头巾，同时戴墨镜，则是一种礼仪。

（2）近视镜

戴近视镜的最重要目的就是为了矫正视力，当然除此之外，人们也靠所戴的眼镜去塑造某种形象。我们可以看到，那些学识渊博的知识分子，大多数是戴近视镜的。所以，戴近视镜似乎可以给人以聪明、勤奋和有知识的感觉，所以如果一个人视力没有问题，却喜欢戴眼镜，说明他想要显示自己有文化，内心深处渴望受到别人的尊重。

（3）黑边眼镜

喜欢黑色的人一般都是比较沉稳的人，他们希望给人稳重及成熟的感觉。他们的确非常热爱传统：听古典音乐，欣赏穿套装的女人，衣食住行都比较讲究，就连穿鞋穿袜等细节都不放过。这种人有较大的抱负，可惜却比较保守，并且没有创新意识，缺乏冒险精神。

（4）金丝眼镜

金色是高贵、典雅的象征，喜欢戴金边眼镜的人希望给人知识渊博、学识高深以及斯文有礼的印象。在讨论问题的时候，他们喜欢发表一些独特的见解，以显示自己的与众不同。

他们非常注重自己的外表和形象，尤其是和朋友约会的时候，他们会选择鲜亮的衣服，同时话语间时常暗示自己是有身份的人。而在工作中，他们比较重视利益，热衷于会为自己带来的实际好处。

（5）隐形眼镜

很多人习惯戴隐形眼镜，这样的人或是觉得自己完美，对于自己的外形非常满意，认为戴眼镜会影响自己的美观；或是不太注意自己的形象，认为自己长相已经够"丑"了，不想被一副眼镜进一步地丑化。

（6）无边眼镜

无边眼镜属于高档眼镜，通常价格都比较贵。戴这种眼镜的人一般显得很文雅，他们认识问题很客观，不管面对什么问题都能够从大局出发，不会因为一些细节而影响大局。

（7）平光眼镜

很多人视力没有问题，却喜欢戴平光眼镜，目的就是为了装饰自己的外形。如果平光镜还带有颜色的话，那么这种人的目的就可能是为了掩饰自己真正的性格和内心了。他们不是忠实的人，不敢以真面目示人，生怕别人知晓自己内心的秘密。而时间长了，或许连他们自己也看不清楚真正的自我，把现实与幻想混成一片。

（8）彩色塑料边装饰镜

戴这种眼镜的人害怕寂寞，喜欢比较丰富的生活，抗拒单调的生活。他们害怕孤单寂寞，希望把每天的时间都填满。他们喜欢过多姿多彩的生活，所以每当生活中出现新玩意儿，他们必定是第一个尝试的人。他们懂得享受人生，并且追求新潮和改变，永远走在潮流前面。

另外，戴眼镜的人也习惯用手推眼镜，以此来传达不同的信息。比如，有的人习惯用拇指和其他手指一起来推眼镜，他们做什么事情都比较谨慎小心，做事前不会马上行动，而是先静观其变，制订了完整的计划后再严格按照计划行事；另外还有用食指指肚推眼镜中央的人，他们通常性格比较内敛细腻，在人际交往中属于"慢热型"。如果你想要与他成为朋友，就一定要先真诚以待，否则他们不会先敞开心扉。

还有的人习惯把眼镜推到头上，不通过眼镜看人，以此来表示自己的开诚布公；把眼镜架在鼻尖上，从镜框上方看人，一般是为了省去推戴的麻烦，但也会传达审视或评断的信息；啃眼镜腿或把眼镜腿放在嘴中则可能显示内心紧张，感到有压力，在沉思或拖延时间。

5 看看包包，就能品出人心

现代生活中，人们已经离不开包包了。它不仅是我们装东西的工具，更是装饰外表的工具。同时，看一个人的包包，还可以知晓其性格、情绪以及心理状态。

行为学家认为一个人的提包或提箱的款式不仅会体现他的职业特点，还会反映他的真实性格和内在情感特征。

（1）手提公文包

这种公文包比较过时，习惯提它的人比较守旧，意识陈旧，思想保守，行为像年纪比较大的人。但他们也是比较喜欢怀旧的人，对待人和事物都比较长情，是值得交往的对象。在社交上他们缺乏技巧，朋友可能不多，但是却有真心相交的多年挚友。他们对待友谊一如既往的忠诚，是踏实可靠的人。所以，朋友们也非常信任他们，愿意真心相待。

因为他们性格比较保守，所以做事情比较稳重，但却因为没有冒险精神而没有太大的作为。

（2）色彩鲜艳的背包

年轻人喜欢使用这种包，他们的个性就像色彩一样鲜明。

这样的人热情活泼，精力充沛，对生活和事业充满希望。在工作上，他们可以迅速完成上司交给的任务，积极性非常高。

在事业和生活上，他们没有经历过挫折和打击，所以比较乐观积极。在与人交往时，他们不会随便乱交朋友，喜欢与热爱生活并有远大抱负的人交往，认为只有志同道合的人才能交往。他们懂礼貌、讲规矩，尊重那些比自己年长的、在事业上有所建树的人，并且经常用他们来激励自己奋发向上。

（3）老板包

喜欢这种包的人，通常是比较活跃的人，穿行于各种场所。他们积极肯干，不放过任何一个发展的机会。

他们比较活跃，热衷于谈论和打听各种信息，对著名公司和老板如数家珍。人际交往中，他们八面玲珑、左右逢源，不轻易在别人面前显露真实面目。生活中，他们爱占便宜，怕吃亏，但在金钱上却显得非常大方，往往给人一种"讲义气"的感觉。

（4）时尚流行的高档包

喜欢时尚流行高档包的人，一看就是喜欢追赶潮流的人，身边的玩物不断花样翻新。他们崇尚享乐主义，爱慕虚荣，不断追求高级享受，为了享受不惜花费大把金钱，所以这样的人通常是月光族、"卡奴"。他们爱与人交往，但是却交不到真诚的朋友，多数是酒肉朋友。

包最大的作用就是装东西，而一个人包中所装的东西也包含着很多秘密。有些人的包中什么都有，包括常用的钱包、钥匙、手机，等等。这样的人是大大咧咧的人，对什么事情都抱有"无所谓"的态度，不喜欢斤斤计较。他们热情，慷慨大方，但不够谨慎、不够务实，做事情经常不经大脑思考，工作不够细致。

而有些人的包中非常整齐，提包款式也常常朴素大方。这样的人一般有强烈的上进心，比较务实，品行端正，与人相处时比较有礼、低调。他们自信满满，有才华、有能力，但是缺乏想象力。

还有些人的包就好像是收集箱，里面包括了用过的废戏票、皱巴巴的处方、商品说明书、信封、照片……这样的人，如果是女性的话，就是富有幻想，缺少条理的人，不太善于处理各种生活琐事；如果是男性的话，则求知欲强、乐观，喜欢与人交际，且比较喜欢炫耀自己。

如果一个人的包里面大多是化妆品、镜子的话，那么说明她喜爱色彩，富有幻想，爱美，当然也热爱生活。同时，也可能是虚荣心非常强的人。

当然生活中也有些不爱背包的人，不管去哪儿都是两手空空的。他们喜欢独来独往，不希望有所牵挂来羁绊他们的行动。在做事情时，这种人不希望别人来干扰自己。别人会对他们颇有微词，但他们并不计较。他们与人相处，只停留在表面上，既不向深度发展也不完全排斥。所以，这种人既无要好的友人，也无深仇大恨的敌人。

心理学家把一个人的手提包称为"个体世界的浓缩"。在这个浓缩了的"个体世界"里，自然也就有主人的"个性"蕴含其间。如果你不相信的话，那么就仔细观察身边的人，看看他们的包里藏着怎样的秘密。

6 首饰的选择，就是心的选择

首饰是佩戴在人身上的装饰品，同时也能改变人们的形象。当女人佩戴一条昂贵的项链和漂亮的耳环时，就会提升自己的形象，给人高贵的感觉。同时，一个人配戴的首饰，也可以投射出某种性格。所以，心理学家认为，生活的每一个细节都能显示出一个人的个性，对于女性来说，首饰的选择就是心的选择。

现在年轻人订婚、结婚的时候，都会选择订婚戒指、结婚戒指。这不仅是一种装饰，更代表着美好的寓意。如果一个人始终佩戴结婚戒指，说明他非常爱自己的爱人，对爱人相当满意，要让全世界的人知道自己是已婚人士。而且，经常佩戴结婚戒指的人，也是比较重视家庭的人，能够以家庭为重。

家传的首饰也是具有纪念性的首饰，比如祖传的手镯、旧式耳环和戒指，或一对古老的袖口饰或胸饰等。喜欢这种首饰的人，一般都是忠于家庭、忠于家人的人，他们宁愿戴着具有象征意义的旧首饰，也不愿意去买现代的首饰。同时他们对待朋友也很真诚。

而有些人就不同了，他们喜欢佩戴名贵首饰，比如钻石、玛瑙等。他们的用意一目了然，那就是为了标榜自己的富有和地位。他们非常注重展示自己的形象，希望别人知道他们是有钱或有地位的人。同时，他们也希望利用这些价值不菲的装饰来满足自己的虚荣心，并且掩盖某些不足。

有些人比较喜欢戴那些形状怪异的首饰，比如用野兽的锁骨制成的项链，或是奇形怪状的木雕耳环。他们是喜欢标新立异的人，具有强烈的猎奇心理。他们使用的东西可能是别人早已抛弃了的，或者是几个世纪前的物品。他们从不在乎别人的眼光，喜欢特立独行，或许是穿上一件破烂的衣服去公司上班，或许是在雨中不打伞，自由自在地漫步。这样的人并不是什么怪人，对朋友也非常好，所以没有必要敬而远之。

以前，黄金是中老年人佩戴的首饰，不过现在很多青年也喜欢黄金，比如金戒指、金耳环、金手镯、金项链。这样的人通常是有自信心的人，他们性格外向、积极乐观，喜欢交朋友。

而有些父母还喜欢给自己的孩子佩戴某种生肖的首饰，据说这样会给孩子带来好运，并且弥补他们性格的不足。不仅如此，有些成年人也喜欢佩戴生肖首饰。这样的人是容易相信命运的人，即使生活中出现错误和失败，他们也会认为是命中注定。他们认为许多事情都是上苍安排好的，所以性格上比较逆来顺受，不敢挑战逆境和挫折。这也注定他们在人际关系上处于被动的位置，不会主动争取自己想要的东西。

至于那些不喜欢戴首饰的人，则喜欢干净，崇尚自然，他们不愿意接受约束，喜欢独来独往，有自己的主见，习惯按照自己的意愿做人做事。他们认为一切外在的修饰都是多余的，所以也不会在别人面前掩饰自己的真性情，即便得罪别人也不在乎。所以，他们是孤独沉寂的人，也会被人认为是太过自我、太过清高的人。

第七章 动作从来不说谎，
行为微反应影射内心真情境

对于"预谋已久"的大事情，人们会表现出他们自己所希望表现的样子，在受到突如其来的刺激时，他们才表现出真正的自己。细微处泄天机。每个人在遇到外在刺激的一瞬间，在动作上都会有反应，这些小动作是不受控制的。从这点上说，微动作是了解一个人内心真实想法的最有利线索。

1 简单手势牵扯复杂心理动向

在与人交往时，人们已经不满足于用语言来表达自己的想法，通常还辅助以简单的手势。所以，手势已经成为了我们沟通交流的重要组成部分，它起着加强语言的力量，能够丰富语言的色彩，对于语言有进行补充和说明的作用。甚至在很多时候，手势可以成为一种行之有效的语言，能让我们进行有效的交流。

而在心理学上，简单手势还牵扯着更多的心理活动，它可以帮助我们看出一个人的内心。当然，这些手势都是生活中约定俗成的，人人都懂得其中的含义。只是在不同的地区、不同的国家有些许的差异。

比如，挥手表示再见；竖起大拇指表示对某人的称赞；伸出小拇指表示嘲笑、轻蔑；食指弯曲与拇指组成圆形，其他三指张开则表示"OK"；而双手握紧拳头伸到胸前，则表示加油、努力等意思……

这些手势都是比较普遍的，生活中我们时常会看到接触到，当然每个人都知晓其中的含义。事实上，我们还会时常做出一些手势，表达内心的想法和欲望。比如，当一个人跃跃欲试，想要表现自己的时候，总是会摩拳擦掌。这种小动作就是不停地搓手掌。课堂上，当老师提出一个问题，问谁可以回答的时候，总有一些学生按捺不住，希望被老师点到。这时，他们往往会不自觉地搓着双手，由于情绪比较激动，血液流动加快，所以脸色也会变红。这种手势，我们称之为搓掌势。这种小动作不仅在孩子中时常出现，成人也是如此。例如，在会议讨论时，有的人准备发表自己的看法，但是别人没有停下来的意思，这人就会不停地搓手。事实上，他是在向别人表示："我已经思考有些时间了，是该让我说说的时候了""我对此很精通，到我表现的时候了！"另外，在搓手的时候，有人还会按压手指骨节，发出"咔咔"的声响，这表示他已经急不可耐了。另外，当人们心情急躁、不知所措或兴奋激动时，也会做出这样的动作。

当一个人对于某件事情有信心或是志在必得的时候，也会经常做出让人感觉有力量的手势，比如握拳头等。这说明这个人非常有勇气，有力量。尖塔式手势也是表示自信和信心的，这样的手势就是双手手指指端一对一地结合，手掌并没有接触，从形状来看，就像是尖塔一样。如果你看到了这样的手势，就说明对方对自己很有信心，或是对某件事情势在必得。相反，如果一个人对自己没有信心，或是非常担心某件事情，就会把双手搅在一起，或是不知道放在哪里。

在两个人谈话的过程中，如果一个人突然用两手紧紧地抱住胳膊，身体稍微有些向后仰，或是双手叉腰，身子稍微向前倾斜，就表示他对对方的话并不赞同，持有怀疑和否定的态度。而当一个人在说话的时候，另一个人把双手插进口袋里，就表示对这样的谈话内容并不感兴趣，希望谈话早点结束。当然，这是非常不礼貌的行为，会让对方感到不被尊重和信任。

当你看到一个人双手紧握在一起的时候，表明对方的内心是非常焦虑和消极的。如果你想让对方放松下来，就应该递给对方一些东西，或是转移一下话题，谈论他感兴趣或是熟悉的话题，以便缓解其内心的紧张情绪，否则对话很难进行下去。

当我们说出心里话的时候，会无意识地把手掌张开给对方看，就好像我们时常看到小孩子说谎的时候，会无意识地把双手藏到背后一样。这样的动作就是人们在说真话的表现，如果别人做出了这样的动作，你就没有必要再质疑了。

还有一种比较常见的手势，那就是双手交叉相扣，置于人的腹部或小腹部。这是一种表示拘谨的手势，一定程度上将腹部和胸部隐蔽起来，表现出防御性的姿态，说明他有某种不自信的心理，想通过这种手势来控制自己紧张、局促的情绪。通常，在主席台上等待领奖的先进分子或等待裁判打分的运动员，会做出这样的手势。

有些人体语言学家认为，当儿童害怕、害羞或不安的时候，他就会用一只手拉住或握住母亲的一只手，这样可以从心理上找到安全感和庇护感。到了成年以后，他仍然要寻找一种安全的保障，因此就会用一只手握住自己的另一只手。由于这种手势表现了一种拘谨和封闭的特征，所以，人们通常会在受到批评而又不想接受批评的时候做出这一反应。

除此以外，我们还经常看见人们使用其他三种手势：一种是掌心向上，我们称之为"乞讨式"，是乞讨时经常使用的；另一种是手掌向下，可以称之为"指令式"，是指示和命令的时候经常使用的；还有一种是伸出食指，弯曲其余四指，可以称为"专制式"。

当一个人做出"乞讨式"的手势时，说明他内心比较谦和，乐于接受别人的意见。也有很多人习惯通过这一手势，让人产生一种亲近感，使人更愿意接近自己。与此相反，如果使用手掌向下的"指令式"手势，就表示这个人的内心是强势的，尽管他嘴上说是建议，却不会容忍别人的反对和质疑。如果你提出了质疑，他不可能接受，甚至会勃然大怒。

同样，如果一个人在交谈中运用了伸出食指的"专制式"手势，那么就好像在说："我是不可反驳的，你必须听我的！"这是一种颐指气使的手势，通常是强势、自以为是的人时常使用的。多数情况下，这种手势经常会引发矛盾，有时甚至会引发暴力争斗。当然，在报告会上或者演讲时，我们通常会看到主讲人和演讲人使用这样的手势，用来调动听众的积极性，这种情况就另当别论了。因为交流双方并不处于同一个活动空间和层面上，报告人和演讲人只是想要用这种手势来强调自己所要讲的内容。

人的双手能够表达的信息是极其丰富的。手势可以只使用一个手指，也可以使用整只手，或是两只手。现实生活中，我们每个人都是使用手势的高手，只是我们从未留意罢了。

2　手臂和手腕显示的内心活动

除了双手之外，手臂和手腕这两部分也非常重要，也可以显示复杂的内心活动。在交谈或听报告时，我们常常看到有些人喜欢把双臂交叉在一起，用左右手分别抱住相反方向部位的手肘。乍一看，这种人比较清闲自在，可实际上，这种姿势却蕴含着很多含义。

比如，在体育赛场上，当运动员对裁判的判决有异议的时候，裁判通常会两眼瞪着这位运动员，双手交叉在胸前，做出一种防卫性的姿态。这一动作表明，裁判明确地表示自己会坚持自己的判决，不管运动员怎样抗议都不会起到什么作用。

由此可以看出，这种双臂交叉的姿势所蕴含的含义是防卫的、拒绝的、抗议的。这种动作具有普遍性，所表达的意思也是相通的。人们争论的时候就时常使用这种姿势，表示自己坚持自己的意见。总之，不管在什么场合，这种双臂交叉的动作都表明了一个人的消极和防御的态度。而在陌生人相对集中的场合，例如排队、乘电梯时，这样的动作也非常常见。

有一个成语叫作"袖手旁观"，意思是将双手分别交叉拢在袖筒中，在一旁冷眼观看。这是一种看热闹的心理，更有一种"事不关己，高高挂起"的意味。这种动作常常让人们想起那些无所事事的、在阳光底下闲聊的中老年人形象。但事实上，这也是一种消极的身体信号，表示对面临的事情是抵触的、防御的。一般来说，封闭自己内心的人时常会采用这一动作。

有些人习惯将一只手臂伸直下垂，用一只手握住另一只手的肘部。我们时常会看到，那些等候做牙科手术的病人、初次乘飞机的旅行者、法庭上的被告都会使用这种姿势。这表明他们内心非常紧张、焦虑不安。事实上，很多时候使用这一姿势的人会伴有搭叠脚踝或腿部以及左顾右盼的姿势，甚至会出现面色变白、双腿打颤的情况，这些都说明这是一种显示紧张情绪的身体信号。

而腕部是连接人的手掌与胳膊的重要部位，很多女性会通过显露腕部来向自己心仪的对象示爱。根据研究，显露腕部柔软细腻的皮肤，是大多数女人吸引异性的方法，很多女人就喜欢在手腕处喷洒香水。而西方人则认为，在约会的时候，女人喜欢让自己所爱慕的异性看到手掌和腕部。

在生活中，我们还会看到有的人在将手臂置于身后时，用一只手攥住另一只手的腕部以上的部位。这种动作实际上是一种内心紧张不安却又想要尽力掩饰的表现。它显示了人们内心非常焦虑，因为某事而心神不定。握住的位置不同，心情紧张的程度也有所不同。一般来说，握的力量越大、部位越接近另一只手臂的肘部，人们的内心就越紧张。

另外，人们有时还会将双臂高举并左右摆动，或将双臂伸直高举过头交叉摇动，这是内心欢乐、胜利或警告的意思。在情绪比较紧张时，人们还会配合双脚的动作，在摆动手臂的时候双脚跳起。至于双臂动作到底传递怎样的情绪，只有配合面部表情才能更好地理解。比如，运动员取得冠军称号后，双臂会高高举起左右摇晃，这是模仿拳击比赛中裁判将胜利者的手臂高高举起的动作，它表示胜利和欢快；在演讲时，演讲者将手臂高举过头，是为了吸引听众的注意，是情绪激昂的体现；在篮球赛场上，运动员高举双臂则是为了吸引队友的注意，想要别人将球传给自己。

当然，手臂还有很多种动作，比如人们时常把右臂举起，然后小臂平放，掌心向下，以表示向前、前进，交通警察就经常使用这一手势来指挥车辆；双臂抱住头部的动作，一看就是自我保护的动作，比如突然遇到危险的时候，人们会下意识地护住头部，以避免受到伤害。

3 握手不仅仅是礼仪，更能透视他人性格

握手是一种极为普遍的见面礼节，一般来说，握手表示友好、欢迎，也可以表示尊重和祝贺。不仅如此，从握手这个简单的礼节性动作，比如出手的时间、握手的姿势、握手的时间长短、握手的力度、握手的态度，等等，我们同样可以了解一个人的性格

品行。因为手是一个人人品性格的外延，借着握手的身体接触，我们便能够获得相应的心理感受。

正如美国著名盲聋女作家海伦·凯勒所说的："我接触过的手，虽然无声，却极有表现性。有的人握手能拒人千里之外，我握着他们冷冰冰的指尖，就像和凛冽的北风握手一样；也有些人的手充满阳光，他们握住你的手，使你感到温暖。"事实的确如此，握手的力量、姿势和时间长短都能够表达出一个人的态度和情感。

如果一个人握手时间短，但是握得很紧，说明他善于与人交往，为人友善。但是这种人内心容易多疑，不太容易相信别人。如果时间短，力度又轻的话，那就明显是敷衍了事了，说明对方性格软弱，或是情绪比较低落。

如果一个人握手时间长，握住对方的手很长时间不收回，说明这个人对对方感兴趣，想要进一步地交流。这种人感情较为丰富，喜欢结交朋友，而且对朋友足够忠诚。可是如果在谈判的过程中出现这一情况，那就有较量的成分了。他想要得到谈话的支配权，如果你先收回手，那么就说明对方很有耐力，这谈判恐怕是持久战了。

如果一个人等到别人伸出手之后，才慢慢地伸出手来。这说明了他性格内向，比较被动，做什么事情都犹犹豫豫的。

用力抓住对方的手掌并用力挤握的人，通常是比较好强的人，他们喜欢争强好胜，不愿意输给别人，更不愿意承认自己的不足。

不过，他们通常具有很强的组织领导能力，精力充沛，自信心极强，待人也和蔼可亲。相对于握手较重的人，握手力度适中，动作规范，同时双眼也注视对方的人，是个性坚毅坦率的人，他们的思维清晰缜密，同时具有很强的责任感和诚信度，是值得信赖的人。

有些人和别人握手的时候会双手握住别人的手，积极主动，显得非常热情。这样的人一看就是热情的人，热忱、温厚、善良，对朋友真诚热心。但如果这个人不是你的朋友，那么他可能是有事相求。

与之相反的是，有些人握手的时候小心翼翼的，只是用指尖握对方的指尖，好像是蜻蜓点水一般。这种人一般性情平和，但是内心敏感，有时情绪容易激动。平时他们不愿意与别人接触，常与人保持一定的距离，因为他们内心非常自卑，缺乏自信。不过，一旦他们跟你成为朋友，就会真心相待，全力付出。

生活中，如果你看到有人握手的时候抓住对方的手不断地上下抖动，也不要太惊讶。这样的人性格通常比较乐观，豪爽大方，非常愿意和别人交朋友。因为他们积极向上，和任何人都谈得来，所以总是容易受到别人的欢迎。

相反，如果一个人握手的时候永远向对方伸出僵直的胳膊，那么最好是敬而远之。因为他性格比较孤僻，而且内心的防范意识比较强。这样的动作就是在告诉你，他的空间不可侵犯。

除此之外，我们还可以通过握手时掌心的方向来解析别人的性格。通常来说，握手时掌心向下的人，具有强烈的支配意识。他们仿佛在告诉别人"我高高在上"。他们做事的时候干净利落，果断勇敢，对自己有高度的自信。当然主观意识也非常强，一旦下了决心就不会轻易做出改变。相反，手心向上的人是比较谦卑和顺从的人，是向别人展示自己恭敬态度的人。

握手是最基本的礼仪，我们免不了要与人握手。想要看透人们的性格和内心，就应该用心去感受对方的握手究竟包含着哪些含义。

4 点头是肯定，摇头是否定？

不论生活中还是工作中，如果你赞同某人的意见，就会点点头表示赞许。相反，如果你对某个人持不同意见或抱有怀疑的态度，就会下意识地摇摇头。同样的，大多数人会有这样的头部动作。

头部的姿态有很多，表达的含义也非常丰富。比如点头表示赞同或允许，摇头表示否定或怀疑，抬头表示感兴趣，低头则表示厌倦或精神委靡，头部轻微上扬表示惊讶，摇头晃脑表示自我陶醉，昂首侧目表示刚毅不屈，等等。

点头表示肯定，摇头表示否定是最常见的肢体语言，而且这种肢体动作所代表的含义也是在大多数国家通用的。可事实上，点头的动作还可以表示多种含义，除了表示赞成、肯定的意思，还有表示理解和承认的意思，还可能是事先约定好的信号。在某些场合，点头还表示礼貌、问候。比如在商务酒会上，主人正在发言，你看到了相熟的客户不好打招呼，就会点头示意；比如作为领导，当下属和自己打招呼的时候，你也会点头微笑表示回应。

还有一种情况，点头代表着回答和肯定，鼓励和接受。比如，面试主考官频频点头示意和极少点头的情形相比，前者就是满意的体现，更容易引起应聘者谈话的兴趣，更容易给人信心。点头的动作表示"我正在听你说话"或"请继续说！"应聘者看到了，就会明白主考官的肯定，从而增加信心和勇气，继续发表自己的言论。相反的，如果主考官没有任何反应，或是不停地摇头，那么应试者就会认为自己表现不好，或者对方不感兴趣，这时就会失去说下去的兴趣，觉得谈话索然无味，或是担心引起主考官的反感而不敢继续谈下去，最后导致面试双方都不能真正了解对方。

点头这种微反应在会议过程中也会起到良好的作用。比如，领导者在台上讲话，当他看到下属不停地点头、微笑的时候，就会从下属的这种表情中得到这样的反馈信息："我讲的内容引起了大家的注意，大家愿意听。"从而激发他高昂的兴趣，继续讲下去。而在员工发表意见的时候，如果领导频频点头，员工就会受到鼓舞，从而积极发言、畅所欲言。

同时，点头还有表示屈服的意思。当两个人谈判陷于僵持的时候，一旦一方出现了点头动作，就表示他已经屈服了，同意对方提出的意见。点头还有打招呼的意味，两个熟人在某特定场合见面的时候，就会点头示意，表示"你好！""你来了！"

当然了，点头并不一定就是赞同和肯定。比如，在某种场合我们时常看到这种情形，在对方的谈话告一段落时，某人总是会"嗯……嗯……"地附和着对方点几下头。在这种场合，此人貌似正用心倾听着对方讲话，好像已经被对方的话所吸引，其实，此人频频的"嗯……嗯"也许不过只是附和帮腔而已，甚至可能没有理解对方谈话的内容。

与点头相反，摇头则代表着拒绝、否定的意思。在一些特定背景条件下，轻微的摇头还有沉思的意思，或是暗示着"没想到""真不可思议""真是不得了"。比如，当一个人听到了令人难以接受的消息后，就会下意识地摇头，表示自己内心抗拒这样的消息。当一个平时表现普通的运动员在一次比赛中得了冠军的时候，人们一般就会张大嘴巴，摇着头，表示"这真是太不可思议了！他竟然得了冠军"。另外，摇头还会表示没有办法、无奈的意思。

除了点头和摇头，人们的头部动作还有很多。在人际交往中，头部的动作往往是随着声音的变化而变化的，它表达了人们内心中潜在的想法和欲望。比如，当两个人在交谈的时候，如果一个人说完一件事后音调逐渐降低，随之头部也会放低。事实上，交谈之中只要对方有意降低声调并低下头，均可认为是想结束谈话的表现。相反，当一个人情绪激昂，讲话滔滔不绝的时候，音调会保持相同高度，甚至是越来越高，而头部也会挺得笔直。这是要跟对方维持相互作用的潜在意思，通过转化为头部动作而呈现出来。

在一些国家中，人们习惯用仰头来与人打招呼。英国男子和熟人打招呼，就有微微扬一下头或是微微扬眉的动作，这和我们所说的微笑是一个含义。当然，他们也用点头表示打招呼，但是与其相比，扬头更为友善、随和、平等，表示两人的关系不同寻常。通常来说，在异性之间，人们还时常通过一些细微的头部动作来吸引对方的注意。比如，留长头发的青年女子习惯向后扬头，将头发甩到脑后并用手拂一下，这是吸引异性注意或是调情求爱的表现。

另外，头左右摆动也有一定的含义，通常表示差不多、马马虎虎、不大清楚等意思。摆头还可以表示指引方向，或是叫某人过来。而头猛地向某个方向摆动，或下巴指向某个方向，则是在不便于或不屑于用语言表达的情况下，向别人指示方向的动作。

头部动作是人类最早的动作，也是最容易辨识的微反应。它还蕴藏着很多内心的信息，比如女孩子和亲密的人撒娇的时候，就会歪着头；人们对对方的话感兴趣的时候，也会稍微倾斜着头来听。所以我们应该仔细观察这些头部小动作，了解人们内心隐藏的真性情。

5 由吃饭的状态判断性格

在人际交往中，我们难免与其他人在同一张饭桌上吃饭，或是几个朋友一起聚会聊天，或是和生意伙伴商谈合作事宜，或是出席商务聚餐……这一司空见惯的行为，也是我们了解其他人素养、谈吐、性格的良好渠道。

如果一个人喜欢站着吃饭，说明他很随意，不讲究吃，会尽力追求简单方便的方式，既省时又省力，只要能填饱肚子就可以了。在生活中，他们并没有什么太大的理想和抱负，比较安于现状，做什么事情都比较容易满足。他们性格温和，懂得体贴别人，待人也非常慷慨大方。

如果一个人喜欢边做事情边吃饭，那么说明他是非常忙碌的人，他生活节奏非常快，需要抓紧一切时间来做事情。因为有许多事情要做，所以始终处于繁忙的状态，但值得肯定的是，他们以忙碌为乐趣，讨厌无所事事的生活。这样的人通常是工作狂，对于事业有极高的热情。

如果一个人非常勤奋，一边吃饭一边工作或是看书。这样的人同样不讲究吃，一日三餐只是为了维持身体的需要。他们非常刻苦努力，时间表总是安排得满满的，为了能够做更多的事情，会想方设法挤出更多的时间，甚至是废寝忘食。

如果一个人总是习惯边走边吃东西，会给人来也匆匆去也匆匆的感觉，像是时间很紧张的样子，但实际上却并不一定如此。他之所以匆忙，可能是因为缺乏组织性和纪律性。他比较冲动，经常意气用事，而且没有计划性和目的性，一味地瞎忙，结果把事情搞得越来越糟糕。

如果一个人经常参加各种聚餐，说明他属于性格外向型的人，善于与人交往，而且人际关系处理得非常好。这样的人通常在某一方面有较突出的才能，或者具有一定的权力和地位。他们为人比较亲切、和蔼，或者深谙人情世故，比较圆滑和老练，能左右逢源。对于他们来说，真正需要的是交际，而不是聚会和吃饭。

如果一个人喜欢一边看电视一边吃饭，那说明他内心比较孤独，电视或许是他们消除内心孤独最好的方式之一。他们不善于交往，也不愿意把自己的心里话向别人倾诉。

如果一个人吃饭速度比较快，说明他们做什么事情都讲究效率，而且是追求速度的人，总是希望在最短的时间里做好所有的事情。他们通常是不会享受生活的人，吃饭就意味着填饱肚子，并没有机会享受美食。所以，结果与过程相比，他们更看重结果。

而如果一个人吃饭喜欢细嚼慢咽，则是属于那种慢性子的人，凡事都是慢慢悠悠，不紧不慢的。这从一个侧面说明了他是懂得享受的人，在乎做事的过程。这种人的缺点就是太拖延，没有效率，不管做什么事情都是慢腾腾的，没有时间观念。

如果在聚会的时候，一个人习惯把剩余的饭菜带回家，说明他非常勤俭节约，不会轻易地浪费任何东西。不管他们生活条件好还是不好，都不会奢侈浪费。同时，这样的人缺乏安全感，认为别人都在算计和剥削自己。

如果一个人大部分时间都在外面吃，很少在家开火，则说明他是比较懒惰而又贪图享受的人，因为在餐厅里有人侍候，不用自己动手。这样的人不善于照顾自己，也不会精打细算，但他们希望有人来照顾自己，有人能关心自己。在人际交往中，他们通常不愿意主动付出，只享受别人对自己的好，或是在他人付出以后自己才有所行动。所以这样的人并不适合做结婚对象。

如果一个人很少参加聚会，说明他对家庭是相当重视的，具有一定的责任心。他是比较有主见的人，凡事喜欢自己动手，有责任心，懂得关心别人。他讨厌被人照顾和侍候，觉得这样会让自己不自在，更倾向于自己动手。

如果一个人吃饭非常有规律，习惯定时定量，可以推断出他是一个生活非常有规律性的人，如果没有特别的情况，他是绝不会轻易改变这些规矩的。他的生活虽然很有规律，但并不是为人处世呆板教条的人，相反的，他可以在坚持原则的情况下灵活变通。

另外，现在年轻人生活节奏比较快，很多人不习惯吃早餐。这种人一般是生活时间表安排得太满了，几乎没有吃早餐的时间，说明他们有很强的事业心和责任心，能够为了更有意义的事情而放弃那些繁杂的琐事。还有些人则是因为懒得早起而不吃早餐，这样的人一般是比较懒惰的人，他们宁愿多睡一会儿也不愿意早起，通常没有什么作为。

还有些人比较贪吃，整天就想着吃东西，零食不断。这样的人通常是无所事事、闲着无聊的人。其实他们并不饿，只是不断地吃东西来让自己不至于空闲下来，从而消除内心的烦躁和焦虑。吃饭的习惯是从小养成的，从心理学的角度来说，这些状态和习惯正说明了一个人的性格特征。

6 酒品见人品

人们常说，酒品看人品，这是非常有道理的。一个人的性格、品行究竟怎样，看看酒桌上的表现就可以了解一二了。

不同类型的人，选择的喝酒场所也有所不同，有人习惯去酒吧，有人则习惯去路边摊，还有人喜欢在家里独自小酌。

喜欢到高级酒吧、俱乐部或酒家喝酒的人，绝大部分是由于交际应酬的目的才选择去喝酒。他们爱慕虚荣，为人虚伪，喜欢表现或被重视的感觉。他们到高级的地方可以显示自己的地位和身份。但这些人内心是孤独的，与其说他们是去喝酒，不如说是去寻找刺激、释放自己压抑的心灵的。

一些人比较随意自在，喜欢在路边摊喝酒。这种人坦诚朴实，不会装模作样，喝酒的目的是为了放松，缓解身体或是内心的疲劳。

一些人喜欢在快餐厅喝酒，他们大多为了热闹或聚会，希望与朋友快乐地在一起，能享受轻松欢乐的氛围。还有些喜欢到啤酒屋喝酒的人，他们个性一般都是比较拘谨的，但是希望得到内心的放松。

而喜欢一个人在家独自小酌的人，内心喜欢清静，不喜欢太热闹的环境，也不喜欢聚会。他们或是比较喜欢小酌的乐趣，或是想要借此排解内心的愁苦。这样的人比较克制，不会做出什么出格的事情。

另外，在喝酒的时候每个人的习惯也有所不同。有些人喝酒时以杯就口，这是斯文的喝酒相，男性如此喝酒，看起来有些女性化。这种人喝酒要有菜肴，也要有酒伴，独自一个人时，几乎是滴酒不沾的。

有些人喝酒时以口就杯，这种人通常是贪婪小气的人，喜欢贪图小便宜。如果不是嗜酒如命，必定是省吃俭用的吝啬之人。

有些人喝酒时，如果没有人陪伴就喝不痛快。这种人孤独寂寞，平常缺乏倾诉的对象，并且他们渴望得到别人的关注，时常担心被人轻视。

有些人习惯在睡觉前喝一小杯，这种人大多性格比较孤僻，对于交际非常不擅长。他们一般精神比较脆弱，可能时常失眠。

还有些人喜喝饭前酒，这种人具备理智及抑制约束自己的能力，本来想借酒消愁，但最终成为真正懂喝酒而喜欢喝酒的人。

而有些人喝酒的时候，喜欢划拳，或是做一些小游戏。这种人孤独寂寞，常借着工作来排遣内心的孤寂。

当然，与选择喝酒场所和喝酒的习惯相比，酒后的状态更容易看出一个人的人品。因为一个人在平时会控制自己的行为，掩饰自己的真实性情，让人们很难判断其秉性，可喝了酒之后，就可能原形毕露，让人看出其真正的面目了。

用心理学的理论来分析，就是酒精具有麻痹大脑的作用，当一个人喝酒之后，意识就会失去控制，对于平时掩饰的行为和内心就不会太在意了。也就是说，大脑被麻痹之后，只有微弱的意识，曾经隐藏于内心深处的影像或者语言就会不由自主地表达出来。这就是我们所说的"酒后吐真言"了。

越喝酒越快乐的人，通常是天生乐观，生活非常有规律，且没有不良嗜好的人。他们通常不会喝得烂醉，因为他们是比较理智的人。而酒醉后喜欢信口开河的人，则是欲求不满的人。他们的生活有些不如意，但是因为在乎面子而不想在别人面前显露，喝酒之后就会借机发牢骚，发泄心中的不满。喝酒之后喜欢惹是生非的人，情绪大多不稳定，性情也比较鲁莽。而喝酒之后什么反应都没有，只知道倒头就睡的人，是比较理智、清醒的，能够约束控制自我言行。

7 观饮茶，他的心态轻易可察

我国的饮茶文化有着相当悠久的历史，自古以来就有人爱喝茶，有人懂得喝茶。实际上，饮茶也可以将一个人的性格、心态体现得淋漓尽致。因为人们对喝茶有着不同的爱好，对茶的口味选择也不尽相同，体现的内心也不尽相同。

因此，只要我们对喝茶的人进行细致入微的观察，就能轻易觉察他们的个性心态。

1. 喜欢喝名茶的人

喜欢名茶的人，肯定是有身份和地位的人，因为名茶一般是价值不菲的。这样的人喝茶就不仅仅是喝茶了，而是想要彰显自己的品位和身份。他们通常是比较强势的人，自我主张强烈，自尊心、自信心特别强。做事情非常有主见，深信只有自己所做的事才是正确的，通常会有些看不起别人。如果他们发现有和自己持不同意见的人，就要马上加以反对和制裁。这种人的性格非常固执，容易和周围的人发生冲突，但由于强烈的自我优越感，有时他们也会积极地帮助别人解决困难。

2. 讲究茶道的人

很多人喝茶的时候，非常讲究茶道，在乎喝茶的意境和感觉。这样的人个性坚韧、持久性强，而且性格比较温和，内心平静、脾气温和、为人低调。他们做事有条不紊、不慌不忙，非常有恒心和毅力，注意力集中时间长，非常适合做细致的工作。他们在感情上非常专一，注重与爱人之间的感觉，并且不会见异思迁。

3. 喜欢到街头茶馆喝茶的人

就好像是老北京的街头茶馆一样，这样的场所一般价廉物美，小道消息多，是平民百姓出入的场所。喜欢到这里的人，性情大多比较随和，能够吃苦耐劳。在工作中肯吃苦耐劳，认真负责，从不怕劳累，即便是再苦再累的工作也愿意去做。在生活中有耐心，从不抱怨、不发牢骚；他们有一定的能力和才华，也足够努力。不过，他们缺乏灵活变通的能力。这样的人，在平时很容易受到别人的欢迎，也通常会有一些作为。

4. 喜欢在家喝茶的人

这种人的家庭意识强烈，对外面的精彩世界并没有太大兴趣，更喜欢泡一壶清茶和自己家人一起品尝。他们的内心是平静的，不热衷于名利，但是也没什么大作为，平日里得过且过、碌碌无为，但也不争不抢，不会与别人发生太大的冲突。他们内心很软弱，没有进取意识，通常也抵挡不住挫折的打击。

8 撒谎者在不经意间的多余动作

人们经常提出这样一个问题：一个人是否能伪装自己的身体语言？

心理学家的回答是："不能。"

心理学家认为，很多微反应是发自内心深处的，极难压抑和掩盖。比如，做了亏心事或偷了东西的人总显得心神不定、六神无主或鬼头鬼脑；听到好消息时，脸上会露出笑容；听到批评时，脸色会显得很不自然；说谎时，怕看着对话者的眼睛；激动时，手舞足蹈；发怒时，青筋暴起，或双拳紧握、咬牙切齿。

这些事实都告诉我们，微反应是诚实可靠的。虽然我们的嘴巴会说谎，但是身体下意识的反应却永远不会说谎。因此，若想分辨人心的真伪，应首先注意观察他的肢体信号，因为只有肢体信号才能显露出一个人的真实思想。

身体的微反应不易伪装，其根源就在于当一个人的大脑进行某种思维活动时，大脑会支配身体的各个部位发出各种细微信号，这是人们不能控制而且也是难以意识到的。所以，说谎的人会在不经意间做出多余的动作，来泄露自己说谎的秘密。就好像孩子们在说谎的时候，会强调一句"我说的是真的！""你要相信我！"一样。

我们会发现，孩子撒谎时往往会用小手揉揉眼睛，噘起小嘴巴，有时低头或是扭头来避开父母的眼睛。父母一看到孩子这样的动作，就会立刻明白孩子在说谎，从而会生气地呵斥孩子："看着我的眼睛！说，你为什么不说真话！"其实，父母这样严厉的态度只会增加孩子的恐惧心理，让孩子手足无措，这并不能让孩子改掉说谎的坏毛病。其实，小孩子在父母面前揉眼和低头说明他们可能有难言之隐，父母可以换一种方式，耐心地教育孩子，鼓励他说出实情，那么孩子就可以避免再说谎。

当女人撒谎时，通常会用指甲轻轻地划一划眼角。这可能是她从小就养成的习惯，或是因为心虚想要揉揉眼睛，但是害怕抹掉妆容。有时为了避开对方的注视，她还会看着天花板或是低头盯着地板。总之，不管是低头看地板，还是仰头看天花板，不管是揉眼睛，还是触摸眼角，这些不经意的小动作都是在掩饰自己的谎言。

小孩子为了逃避家长的责骂会抓挠自己的耳朵，而大人为了掩饰自己会摩擦耳廓背后、用指尖挖耳朵，或是拉扯耳朵，等等。

这些小动作都说明他心虚，不想让人看出自己在撒谎。而有些人会不自觉地抓挠脖子侧面位于耳垂下面的那块区域。这是因为，撒谎会使敏感的面部和颈部神经产生刺痒感，于是人们就不自觉地通过摩擦和抓挠的动作来消除这种不适感。因为这种不适感，人们还会时不时地拉扯衣领。

说谎的人还会频繁地点头，因为他们急于让对方相信自己的观点，想通过点头的方式让对方对自己的话深信不疑。当然，他们因为担心谎言被揭穿，常常感到口干舌燥，常常会出现吞口水、舔嘴唇的动作。

哈佛大学的研究者曾用角色表演的方式，来考验那些隐瞒病人病情的护士。事实证明，说谎的护士使用上述动作的频率远远高于那些对病人讲实话的护士。由此可见，当人们撒谎时，其身体会下意识地做出一些反应，释放出一些连他们自己都不知道的信号。其实，他们的秘密早就泄露了，只是他们没有意识到罢了。

第八章 顺着声音潜入灵魂，会听会应才叫会沟通

　　说话是人们日常交流的主要方式，人们的思想、态度和观念通过说话传递给彼此，进而让我们对别人产生一定的印象。然而，言谈中有真有假、有虚有实，要想从谈话中识破对方的心机，就得了解其心理，除了仔细地聆听和观察外，还要掌握一定的心理学技巧。

1　听懂对方的弦外之音

在我们与人交谈的时候,时常会听到内容截然不同的两种对话,一种是表面的对话, 一种就是"弦外之音"。事实上, 有时表面的话是言不由衷的, 或是借口, 或是托词, 而"弦外之音"才是一个人真正想要说的真心话。如果我们听话只听表面,不去思索其话外之音的深意, 那么就无法明白对方的真正意图。

虽然很多人因为种种原因, 说话非常含蓄、隐晦, 让人很难从谈话的表面来了解他的真意, 但是只要我们仔细地观察其身体语言、谈话时的情景以及对方的性格,便会知晓隐藏在对话背后那"弦外之音"的含义。

比如, 在情人节的时候, 女朋友时常会说: "你随便安排吧! 我们都恋爱这么长时间了, 不用太浪费! " "我不要礼物, 只要你对我好, 每天都是情人节! " 如果你只听表面的话, 随便地安排或是不送礼物, 那么就大错特错了。女孩子总是口是心非, 嘴上说着随便、没关系, 实际上弦外之音是"我想要浪漫! " "我想要惊喜! " "你给我送惊喜的礼物, 才是爱我的表现! "

简单来说, 弦外之音就是话中有话, 因为很多时候, 人们不愿意或是不敢说出内心的想法, 于是便用很多包装或是策略来掩饰自己的真实意图。想要听懂弦外之音, 就需要我们正确解读对方的真正想法, 不要单纯地听表面上的意思。我们要设法从对方的话中去了解：他真正想要的是什么？说这样的话有什么目的？他内心的希望是什么？对于我有什么样的要求？……

在一个阳光明媚的上午，你坐在公园里的一张长凳上休息，享受这美好的天气。这时候，坐在不远处的一个男人说："今天的天气真好啊！"如果按照他这句话的表面意思来看，他只是感叹天气，可是实际上，这句话还包含着很多意思。他很可能是想要与你搭讪，对你的印象很不错。还有，他并不知道你是否愿意和他交谈，所以借助感叹天气的机会来试探你的反应。

其实这句话的含义就是："你好！我想和你认识，你愿意和我交谈吗？"只是他觉得突然和一名素不相识的人搭讪有些冒昧，害怕遭到拒绝。如果你只是随意地说句"嗯！"或是没有反应，他就知道你并没有和他交谈的意愿。如果你说："是啊！天气真的太好了！"他就知道你并不排斥认识新的朋友。虽然你只是回应了他关于天气的感叹，但是却隐藏了这样的意思：你也想和他聊一聊。

再比如，你的朋友穿着一件漂亮的大衣参加同学聚会，人人都夸奖这件大衣漂亮、时尚，而朋友则不太在意地说："是的！它穿起来非常不错，是我在 ×× 商场买的，是限量版的！"虽然这个朋友只是谈论自己的大衣，但是在这表面上的意思之外，还有一个"弦外之音"，那就是：这件大衣非常名贵，我能够穿这样的大衣，是非常有身份的，我生活得非常不错！

所以，当你在听别人说话，或者是你在和别人交谈时，要顺着对方的话分析其内心和说话的动机，想一下，他究竟为什么这么说？他那句话中的"弦外之音"是什么？如果对方述说自己的遭遇和委屈，那么可能是希望得到你的安慰；如果对方兴致勃勃地谈论自己的某件珍贵的东西，或是谈论过去的成绩和荣耀，那么就是正在期待着你的夸奖；如果对方在谈论话题的时候，总是谈及你感兴趣的事情，那么就说明他对你有好感，想要引起你的注意。

同时，你也要懂得如何听出讥讽、嘲笑、挖苦等言外之意。当你身上明明有缺陷，对方还变着法儿称赞你的不足时，那么就很可能是嘲笑和挖苦；如果你做错了事情，对方却一再显示自己的能力，实际上是在炫耀自己、讥讽你。遇到这样的情况，我们不要一味生气或是与人发生冲突，只要明白对方的意思，选择远离就好了。

人的心思本来就非常复杂，每一句话都可能隐藏着深层的意思。在日常交往中是如此，在生意场上、谈判桌上更是如此。很多时候，人们为了争取更多的利益，又不愿得罪别人，就会利用"弦外之音"来表达自己的诉求。如果我们不能敏感地听懂别人的言外之意，只会在社会上寸步难行。

2 一声叹息，流露无数信息

叹息是一种典型的情绪表现形式，一声叹息可以流露出很多情绪。当人们感到失望、压抑、无奈、困惑或者气闷的时候，都会长长地叹一口气，就好像这一声叹气可以把内心的郁闷全部排解出去一样。人们也希望通过叹气把内心中不良的情绪清除掉，以便缓解自己的压力。事实上，叹息的确是一种有效的心理放松方式。

正因为叹息是一种生理和心理的综合运动，所以在人际交往中，我们要仔细地观察，通过叹息来获知别人要传递的信息，包括他们的态度和情绪。比如，你偶然遇到了多年不见的朋友，寒暄之后，你问道："多年不见，你的事业发展得怎么样啊？一定是发达了吧！"对方没有回答，却发出一声长长的叹息。这个时候，尽管对方没有说任何话，可是答案却已经明了了。这声叹息表示他的事业并不如意，可能是遇到了一些挫折，可能是一直庸庸碌碌。这个时候，你最好不要再追问下去，而是应该转移话题，否则只能让朋友尴尬。

多数时候，叹息是表示无奈的意思。在希腊神话中，极乐净土和冥界之间有一块叫作做叹息之墙的墙壁，据说由冥后贝瑟芬妮的三声叹息组成。当时冥界的灵魂眼看着极乐净土就在前面却被阻隔着，所以才发出了三声叹息，来表达自己的无奈。

但是有时候，长吁一口气也有不同寻常的含义。长长地吁出一口气往往表示如释重负，比如人们在完成某项艰巨的工作或者成功办好某件大事之后，就会长吁一口气，表示终于完成任务了。

叹息还蕴含着惋惜的情绪，有一个成语就是扼腕叹息，是一个人用一只手握住另一只手的手腕，发出了长叹的情态，表示自己对于某件事情感到万分惋惜。我们时常看到这样的情景：比赛场上，某个运动员或是某支球队以微弱的劣势输给了对方，场边的教练就会扼腕叹息，或是跺脚叹息，以表示惋惜之情和懊恼之情；某件事情差一点就成功了，却在关键时刻功败垂成，人们也会用叹息来表达自己的惋惜和懊恼。

人们在悲愤的时候，也会发出长长的叹息声。因为悲愤的时候，人的心跳会加快，手腕的脉搏自然也会加快跳动，为了抑制这种心跳加快的生理状态，人们就会抓住自己的手腕，然后利用叹息缓解这种不良情绪所带来的不舒适感。

当然，叹息也有不满和失望的意思。当一个人叹息的时候，往往在说："我对你非常不满！""你令我感到非常失望！"比如在足球比赛中，当主场球队表现不好的时候，球迷往往会发出这种声音。当然，除了叹息，人们还时常发出嘘声来表示自己的不满。同样是嘴部发出的声音，嘘声要比叹息程度更深，它包含了指责的意思。除了指责，嘘声还有一个意思，就是鄙视、瞧不起，而这种声音一般是在人数众多的公共场合发出，比如大型比赛、某明星的演唱会、大型会议，等等。而喜欢发出这种声音的人，通常是情绪比较激动，却又随波逐流的人。

3 言多必失，沉默比语言更有力量

语言是我们表达自己想法的最重要的方式之一，可是很多时候，沉默要比语言更加有力量，更有利于人与人之间的沟通。

在某些场合，你喋喋不休，反而会招来别人的反感；在别人遇到挫折的时候，你多嘴戳到别人的痛处，只会让别人更加尴尬伤心。比如某个朋友现在失业正陷入低潮，几个朋友聚会的时候，谈论的话题就应该绕开事业、成功；某人失恋了，在交谈的过程中，就应该避免谈及感情的话题；当一个人正伤心的时候，就应该避免喋喋不休，给他安静的机会才是对他最大的安慰。所以，我们在掌握表达技巧的同时，也要懂得在适当的时候保持沉默，做到此时无声胜有声。

不妨看看这个例子：

几个朋友聚会一起吃饭，一个朋友正陷入低潮，因为公司倒闭了，妻子也因为生活的压力和他闹离婚。一个朋友想要召集几个朋友热闹一番，让这个人心情好一些。聚会之前，这个朋友特意嘱咐大家，不要谈及有关事业的事情，也不要询问其家庭的事情，以免让其触景生情。大家也是这样做的，只是吃吃饭、唱唱歌，聊一些八卦而已。可是其中一位朋友生意做得风生水起，不久前拿下了一个大单子，几杯酒一下肚就忘乎所以了，就忍不住开始谈他的赚钱本领。那得意的神情让几位朋友看不下去了，可是又劝不住。只见那位失意的朋友由开始的开心变得越来越情绪低落，

167

低着头喝闷酒，脸色也非常难看。最后，他没待多长就借口离开了。就是因为那个人的多言，让原本想让朋友开心的聚会，变成了又一次刺激他情绪的尴尬聚会。一般来说，失意的人很容易受到别人的影响，听别人谈论其得意的事之后，情绪就会变得低落起来。所以，与人相处，切记不要在失意者面前谈论得意的事情。

同时，在很多场合，沉默要比语言更有作用，甚至比大声吵闹更能表达自己的思想，比任何语言更有更摄人心魄的力量。此外，沉默在很多时候都是化解矛盾，避免争执的好办法。

一天，美国大富豪洛克菲勒正在办公，不速之客突然闯入办公室，大发雷霆地喊道："洛克菲勒，我恨你！我有绝对的理由恨你！"接着这位客人开始述说自己的不满，肆意地责骂洛克菲勒。所有人都以为洛克菲勒会与他发生激烈的争吵，或是吩咐保安将他赶出去。然而，出乎意料的是，洛克菲勒只是停下手中的工作，没有说一句话，还以和善的眼神注视着这个人。就这样，那个暴躁的人发了一通脾气之后，怒气也渐渐地平息下来。

因为一个人发怒时，如果得不到回应或是反击，是坚持不了多久的。这人本来做好了和洛克菲勒争论一番的打算，并想好了洛克菲勒怎样回击他，他再如何反驳，如何让洛克菲勒哑口无言。但是，洛克菲勒就是不开口，所以他不知道怎么办了。最后，他只好在洛克菲勒的桌子上敲了几下，离开了。

等到那个人冷静下来之后，洛克菲勒才找他了解事情的原委，并且不花任何力气地解决了问题。其实，沉默是对于他人攻击最好的反击，因为你越是反驳，对方的怒气就越强，争执也就越大。当对方气急败坏的时候，你沉默以对，他找不到突破口，自然就偃旗息鼓了。

所以，很多时候，沉默比语言更有力量。在别人失落的时候，沉默可以避免说错话；遇到麻烦的时候，沉默可以避免暴露自己的弱点；在发生冲突的时候，不理睬他人对自己的无礼攻击，就是给他的最严厉的迎头痛击。

生活中有不同的沉默方式，如果运用恰当也会收到不同的效果。当我们不想回答某些问题时，可以保持沉默，然后再转移话题，选准时机谈大家关心的热门话题；当一个人不断地抱怨或是发火的时候，越是好言相劝，他们越是来劲。这时候，沉默就是最好的办法，既可以避免让自己成为他们情绪的“垃圾桶”，也可以让他们在冷静中反省自己；另外，当一个人犯错误的时候，沉默就是一种有效的冷处理，要比喋喋不休的批评和指责更有力度，更能起到批评的作用；你与他人意见不合的时候，直截了当地驳回可能会引起争吵，而保持沉默则可以起到更好的效果。

沟通的艺术也是语言艺术，而沉默则是一种独特的方式。所以在与人交流的过程中，适时保持沉默，也是一种智慧的表现，对我们的生活和事业有很多的益处。

4 挂在嘴边的口头禅，可以暴露个性

口头禅是一个人习惯挂在嘴边的话，是一个人个性的体现，也是一个人心理状态的反映。不少文学作品会为角色安排一些独特的口头禅，就是为了突出其个性和内心状态。

比如在韩剧《加油，金顺》中，主人公金顺的口头禅就是"加油！加油！"每次遇到困难或是受到打击时，她就会右手握拳，用力地屈臂，然后对自己说"加油！"这样的口头禅说明她是一个乐观、积极向上的人。

小王嘴边时常挂着一句口头禅，那就是："还好！还好！"不管遇到什么事情，他都会随口说出："还好！还好！"办公室内，一位同事抱怨道路拥挤，这个司机着急抢道、那个司机磨磨蹭蹭，结果害得自己差点迟到。小王听到之后，说："还好！还好！没迟到，你还是比较幸运的。"小王自己遇到了麻烦事，也时常随口就说："还好！还好！事情还是比较好解决的！""还好，情况还不算糟糕！"

小王的这句口头禅一天要说上无数遍，不仅让自己变得积极了，还给了别人宽慰和劝解，所以他是公司中最受欢迎的人之一，大家都愿意和他交往。

或许有些人认为口头禅是不"用心"的，只是随口说出的话，可就是这些话隐藏着一个人的个性特征和心理状态。小王经常说"还好！还好！"，说明他内心比较积极，不容易被负面事件影响；

相反，如果一个人的口头禅是"糟糕！""完了！""不好了！"，那么说明他比较消极，容易产生消极的思想。

口头禅是"差不多吧""随便"的人，通常是安于现状、缺乏主见的人。他们做事缺乏积极主动性，从来不会争取什么；他们表面上比较容易满足，知足常乐，可实际上却消极被动、贪图安逸，遇到困难就退缩逃避。

口头禅是"也许""大概"的人，一般是比较谨慎的人，具有较强的自我保护意识。为了显示自己比较低调、温和，他们不会说出"肯定""必须"这样的具有肯定意味的话，也不会武断地说某件事情就一定如此。这样的人说话比较委婉，不会与人争辩，但也不会轻易相信别人，向别人吐露心声。

经常说"真的""请相信我""我不骗你"的人，内心极度缺乏自信，恐怕别人不相信自己。为了获取别人的信任，他们就会反复强调自己说的话是真的，要别人相信自己。这样的人性格急躁，很难冷静地处理问题。

有些人的口头禅是"嗯嗯……""这个……"，或许你认为他词汇量少，或是反应慢，但实际上，这样的人通常是比较有城府的，因为怕说错话，所以需要时间来思考。当他们说"嗯嗯……""这个……"的时候，可能是没有想好说什么，或是正在思考说什么。

有些人的口头禅是"whatever""Oh my God"这样的英文单词，这样的人通常自我感觉良好，说英文来显示自己的与众不同；

他们或许有些成绩，但却比较喜欢炫耀自己，具有非常强的虚荣心。

还有些人的口头禅是"但是""不过"，他们的自我防卫意识特别强，不会轻易说出自己的想法。在为人处世方面，他们通常比较冷静，做事不急躁。

口头禅的形成，和一个人的性格、生活遭遇或是心理状态密切相关，同时也影响着一个人的心理状况。积极的口头禅可以激励人充满信心，保持乐观的心态；相反，消极的口头禅则会让一个人变得越来越消极。如果你想更好地了解对方的心理，那么就需要仔细观察，揣摩这个人挂在嘴边的口头禅，以获取关键信息。

5 语调不尽相同，情绪也千差万别

人与人之间的沟通是通过言语来进行的，人们说话的声音高低各不相同，有的人声音高，有的人则声音低。心理学家表示，说话声调的高低与一个人的情绪和心理状态有着必然的联系。

或许有人会怀疑地问："真的是如此吗？"不错，答案是肯定的。心理学教授史蒂夫·马克里就曾经做过一个实验：他随机找到 300 名学生，把他们按两个人分成一组，让他们进行面对面的沟通。

经过几个小时的观察，他发现，说话声调高的学生一般比较健谈，能够掌握谈话的主动权，滔滔不绝地讲着，丝毫不给对方插话的机会；而声调低的学生则比较被动，或是耐心地倾听，或是小声地应和着，即便想要发言也因声调低抢不到话，或是无法引起对方的注意。

为了进一步了解这些学生的心理动机，史蒂夫对这些学生进行了跟踪式研究。最后发现，说话声调高的人积极主动、喜欢出风头，也非常自信、勇敢；而说话声调低的人大多冷静、低调，但也消极、胆怯，且有些不自信。所以，他认为声调的高低可以折射出一个人的心理特征。

同时，声调的高低也可以体现一个人的情绪变化。比如，一个人提高了说话的声调，就表示内心比较愉悦。此外，提高声调也可能是为了吸引他人的注意。比如，人们在讨论问题的时候，为了让别人注意自己的观点，就会突然抬高声音。

相反，降低声调，则说明一个人的内心比较消极，情绪低落。人们受到打击时，或是对自己不自信时，就会不自觉地降低说话的声调。另外，还有一些特殊的情况，比如人们在说秘密的时候，就会不自觉地交头接耳，降低声音。

既然说话声调可以体现一个人的情绪变化，那么我们就可以通过一个人的声调变化来洞察其心。很多时候，警察就会通过犯罪嫌疑人的声调变化来窥探其内心，从而采取有效的审问措施。

某地发生了一起纵火案，警察怀疑几个年轻人与案件有关，便把他们带到警局。这几个年轻人矢口否认与案件有关，之后，警察决定对每一个人进行单独审问。第一个人说话的声音非常小，且眼神飘忽不定。此时，警察推断这个人很可能与纵火案有关，且知道细节。他说话声音小是因为胆怯，内心比较恐惧，害怕警察发现自己说谎。

另一个人则说话声调很高，且语气非常不耐烦。警察询问纵火案的问题时，他大声说："我什么也不知道，你们凭什么抓我！"警察拿来一张某个人背影的照片问："这个人是不是你？"他又提高了声音，大声叫道："这根本不是我！这个人根本看不清模样，你们怎么确定是我？如果你们拿不到证据，我就会控告你们！"事实上，警察早已知道这个人就是纵火案的谋划者，他因为心虚而不自觉地提高了声调，想要虚张声势。

随后，警察把照片给第一个人看，这个人立即就承认了，且说话声音小得几乎听不见。当警察再次询问第二个人的时候，并没有说一句话，而是静静地看着他。最后，那个人说话了，没有了之前的高声调，低声问道："我同伴说了什么？"

警察从他声调的变化察觉了他内心的变化，因为他的心理防线已经被攻破，内心极度不安，所以才会不自觉地降低声调。最后，这个人交代了整个作案过程。

声调的细微变化看似平常，但其中却包含了很多信息，反映了一个人的性格、情绪和心理特征，这些信息足以帮助我们洞悉他人的内心。所以，在与人交往时，除了注意行为上的微反应，更要仔细倾听他人说话，听听其声调的变化。

6 察语速的变化，窥内心的变化

有人说："人的表情有两种，一是呈现在脸上的表情，二是表现在言谈中的表情。"语调、语速就是言谈中的表情。可以说，一个人说话速度的快慢，可以直接反映其心理的真实状态。

日常生活中，每个人都有自己的说话方式，说话速度也是有快有慢。有的人个性急躁，做事风风火火，说话自然比较快速；而有的人天生是慢性子，做什么事情都不紧不慢，说话也是缓慢平稳，不轻易加快速度。

事实上，大多数人的语速是比较适中的，不会太快也不会太慢。而当一个人的情绪发生变化的时候，或是内心发生波动的时候，就会改变自己习惯的语速。比如，内心焦急的时候，即便是平时说话速度较慢的人，也会加快语速；而内心激动、愉快的时候，一个人的语速就会不自觉地加快；当一个人内心迟疑、心虚或是不自信的时候，语速就会逐渐变慢。同时，如果一个人对对方不满，心生怨恨，交流时也会放慢说话的速度。

比如，一个人在面对别人的无端指责时，内心就会焦急不安，就会因为急着为自己辩解而加快说话速度。当然，如果别人的指责是事实，那么他们就会因为心虚而说话吞吞吐吐，放慢说话的速度。当一个人思考问题的时候，也会因为大脑高速运转而不自觉放慢说话速度。

当然，在辩论赛或是争论的时候，人们会不自觉地加快说话的速度，以便在气势上压倒对方，从而获得主动权。相反，当对方咄咄逼人，或是用强势的语言攻击自己的时候，人们就会因为处于劣势而胆怯，从而降低说话的速度。

林肯就曾经说过这样一句话："语速可以很微妙地反映出一个人说话时的心理状态，留意他的语速变化，你就留意到了他的内心变化。"由此可见，语速的变化体现了一个人内心的变化，如果我们能及时掌握他人语速变化背后的秘诀，就可以分析一个人的心理特征，从而采取有效的措施，影响其行为。

奥巴马在竞选美国总统期间，与一位议员展开了激烈的争论。开始双方各不相让，慷慨激昂，语速都非常快，想要争取话语的主动权。这位议员咄咄逼人，语速非常快，语调非常高地说："你的想法与美国国情根本不相符，政府怎么安心把国家交给你治理？民众怎么能相信你能给他们带来幸福的生活？"

奥巴马不甘示弱地说："美国想要继续发展就必须创新，抛弃陈旧的观念。虽然我出身卑微，但是有决心给美国带来改变和希望！"

奥巴马刚说完，台下就爆发了雷鸣般的掌声。随后，奥巴马继续慷慨激昂地说："如果美国不改革，怎么能有更好的发展呢？现在美国的问题实在太多了，急需改革。改革即便失败了，也比坐以待毙好很多！"

见奥巴马如此情绪激昂、自信满满，这名议员便失去了气势，说话结结巴巴，语速也降了下来。此时，奥巴马察觉到了他语速和神情的变化，便加快了语速，继续大声说道："你为什么要阻扰改革？我来告诉你吧！你就是想要逃避责任，不想为政府负责，不想为美国民众负责！……"奥巴马还没说完，这名议员便羞愧难当地离开了。

与其说奥巴马口才出众，不如说他善于察言观色，从这位议员的语速变化中摸透了他的心理特征，从而不断对其施压，最后让自己占据了上风，在这场争论中获胜。

因此，不管在工作中还是在职场上，人们都可以根据一个人说话的语速快慢，来判断其内心变化。

7 语气是情绪的外延

除了语调和语速，语气也是人们心理状态的体现，是随着心境而变化的。可以说，语气是情绪的外延。

在交流的过程中，如果一个人喜欢对方，语气就比较温柔、愉悦；如果对对方不满，语气必定充满敌意，且语气比较重。人们在内心比较紧张的时候，就会不自觉地让自己的语气变得温柔些，以缓解内心的不安。当一个人的语气变得慷慨激昂的时候，说明这个人内心比较激动，或是兴奋，或是愤怒。相反，如果一个人在说话时语气平和，说明他情绪稳定，内心没有太大的波动。当然，当一个人内心有疑问的时候，就会用怀疑或是询问的语气质问对方。

在日常生活中，语言是最重要的沟通方式，而语气具有非常重要的作用。心理学家表示，人们在交谈的过程中，会不经意地运用不同的语气来表达自己的情感，而这种行为往往是无意识的。所以，微反应心理学家认为，人们可以通过对方语气的微小变化来观察其情绪和内心的变化。

正因为如此，人们如果能够了解语气和心理活动之间的关系，既可以在交往中避免使用不当语气，还可以通过对方的语气来了解其所思所想，从而达到顺畅交流的目的。

下面我们就来了解几种常见的语气：

1. 肯定的语气

当人们内心自信满满，对自己的所作所为非常笃定的时候，就会运用肯定的语气与人交流。与之相对的是，习惯使用肯定语气的人，性格也比较沉稳、自信、果敢。即便别人对他们的说法产生怀疑，他们也不会失去信心，产生退缩的想法。

2. 疑问的语气

当一个人心中有疑问时，就会使用疑问的语气。如果一个人内心不自信，不相信自己的能力或是所说的话，也会使用疑问的语气，比如，他们会在所说的话后面加上"是吗""好吗""你认为呢"……

3. 低缓的语气

使用这种语气的人，通常比较懦弱，缺乏自信。他们抗压能力比较弱，一旦遇到了困难和挫折，就会运用低缓的语气说话。这样的人很容易被看穿，因而很容易显露自己。

4. 盛气凌人的语气

当一个人用盛气凌人的语气与你说话时，说明他是一个非常自负、骄傲且目中无人的人。为了显示自己的优越性，他们会用这种语气与人说话，丝毫不考虑别人的感受。另外，这样的人也有虚张声势的可能，目的是避免让人看到自己的不自信。

5. 委婉的语气

说话善于使用委婉的语气，说明这个人比较低调，有修养，性格比较温柔。当一个人想要表达自己的想法，却不想伤害别人的自尊心时，就会使用委婉的语气。这样的人通常比较爱为人着想，是善解人意的人。

6. 质疑的语气

质疑的语气比怀疑的语气要严重些，这里面带着不满、愤怒的情绪。当一个人对别人的指责、批评或是所说的事情不满的时候，就会用质疑的语气。如果一个人在和你交流时，多次使用质疑的语气，那么说明他极度不相信你，你即便辩解也不会起到很好的效果。

7. 尊重性的语气

当一个人心生敬畏的时候，就会运用尊重性的语气。比如晚辈对长辈、学生对老师、下属对上司、孩子对家长，都会使用这种语气，以表达自己的尊重之心。

当然了，人们说话的语气有很多种，高兴时用愉快的语气，痛苦时用悲伤的语气，不满时用愤怒的语气，有事求人时用祈求的语气，还有严肃的语气、幽默的语气、命令的语气……语气是一个人情绪和内心状态的外延，当然，在谈话过程中，如果使用幽默、愉快的语气，就会使谈话更加融洽；而如果使用火药味十足的语气，那么就会激发矛盾，让谈话陷入僵局。

因此，在与人交往中你不仅要学会从细微之处听懂别人语气中的情感，还要注意自己说话的语气，这样才能在人际交往中游刃有余。

第九章 男女来自不同维度，熟知两性差别才能美妙相处

很多看似困惑、纠结、非理性的两性问题，都可以用心理学一一破解。熟知两性差别，你就能看清男人和女人不同的心理画像，这会让你在看待两性问题时更深刻、更透彻，也会带领你深刻反省自己。

1 初次约会，如何判断对方心理印象

对于恋爱中的男女来说，第一次约会是非常重要的。每个人都想给对方留下良好的印象。那么我们如何来判断对方对自己是什么印象呢？又如何判断对方对自己是有意还是无意呢？

通常来说，如果一个人对对方比较中意并且有意继续发展的话，他们的身体会发生很多细小的变化。尽管连他们自己都没有意识到身体的这些细小变化。比如，他们的身体肌肉会变得紧张起来，充满了青春活力，朝气蓬勃；他们身体挺拔笔直，站立的姿势英姿飒爽；脸上保持着笑容，肌肉也不再松散；眼睛看起来炯炯有神，比平常更加神采奕奕；皮肤可能会变得通红，因为精神紧张，血液流动加速，心跳加快；甚至连身体的气味也发生了变化。

身体发生这些微妙变化的同时，不管是男性还是女性，身体的姿势也同样会发生变化。有人称这些体语为"炫耀行为"，目的是为了展示自己，吸引对方的注意。男人会拨弄头发、整理衣服、系好纽扣，抻抻领带或抹直裤线；女人会抚弄自己的头发，重新拉拉衣服，或是无意识地整理自己的妆容。这些体态语言似乎在和对方说："我对你很感兴趣，你看看我吧。"

除了这些身体的变化，他们还会调整自己的身体，以选择最佳的位置。通常，他们会把身体朝向对方，向对方靠近，注视着对方的眼睛；或是用手臂围成一个圈，双脚交叉伸向对方，以避免

第三者的介入。

如果一个人坐立不安，脸色通红，低着头不敢看对方，而又时不时偷看对方。说话的时候有些紧张口吃，身体还微微地发抖，或是不停地玩弄身边的小东西，或是搅拌咖啡，或是摆弄桌角，这样紧张不安的表现，多是因为对对方有好感，希望在对方面前表现出最好的一面。但是由于性格内向，无法抑制内心的激动，所以变得慌乱起来。

而如果一个人并没有对对方产生爱意，就会表现得一脸轻松，很随意地入座，身体向后倾斜，或是把双腿张开，一只手托着腮。简单来说，就好像和熟悉的朋友见面一样，怎么舒服怎么来。因为他并没有钟情于对方，所以不用在意是否给对方留下好印象，更不会想要吸引对方的注意，希望能与对方随意、放松地交谈，不受到任何约束。这样的人是比较有素养的人，懂得考虑别人的感受，所以即便不能成为恋人，也可以成为朋友。

如果一个人表现得镇定自若，却不自觉地严肃冷静，时而眉头微锁、抿着嘴唇，眼睛时不时看着对方，想要观察对方的一举一动。还会时不时地向对方发问，问一些生活、工作、感情上的问题，并且会提出各种意见和建议，那么他的内心是比较矛盾的。他可能是对对方感兴趣，但是却有些怀疑，正在考虑是否与对方进一步发展，所以想要了解更多。这样的人并不是很好的选择，因为在日常的相处中他不会轻易付出真情，而且比较多疑、不自信。

当然，如果一个人对这次约会毫不在意，心不在焉地左右张望，谈话的时候只是应付几句，那肯定是对对方不感兴趣了。遇到这样的人，我们没有必要浪费时间，只要客气地说声再见就好了。

总之，我们在第一次约会的时候，应该注意对方的表情和肢体语言，不放过每个细微的反应，因为这些都是他们内心世界的反应，都是对你的态度的体现。

2 女人示爱，通常非常隐晦

爱情，是两性之间最美好的感情，是你侬我侬，两情相悦。在相处的过程中，双方会不自觉地流露出爱意。在心理学上，这种心理和行为方式被称为"性爱意向"。然而，女人和男人是不同的，男人一般会大胆地说出自己的爱意，明明白白地告诉对方"我喜欢你""我想和你交往"，而女人就不同了，她们或许比较害羞，或是比较矜持，所以情感的表达多是非常含蓄、隐晦的。很多时候，即便她们内心非常喜欢对方，也不愿意说出来，而是会通过一些表情和动作来表现出来。

所以，作为男人要读懂女人，明白其身体语言的特殊含义，如此才不会丈二和尚摸不着头脑，甚至是因为会错了意而失去一段美好的爱情。

通常，女人在表示爱意的时候会故作姿态。这是女性特有的一种性爱意向表现，目的就是为了引起对方的注意。虽然她们外表镇静，但内心非常紧张，担心对方不会注意自己，担心自己表现不好。比如，当自己感兴趣的异性接近时，为引起对方的注意，她们会故意和女伴高声说笑。很多女人喜欢拨弄自己的头发，如果遇到了心仪的对象，为了吸引他的注意，她们会将头微微后仰，用手轻轻抚弄发丝。即使是那些短发的女性，也会不自觉地使用这一动作。事实上，她们想通过这一动作来告诉对方，"我很在意自己在你心中的形象！"

还有些女人会不自觉地张开双唇，或是噘嘴。她们是想通过口水或是口红的帮助，让自己的嘴唇看上去非常性感有魅力，从而吸引异性的目光。我们时常在电视广告上看到这样的情形：涂抹着鲜艳口红的模特微张着嘴，彰显自己的性感和魅力。

羞怯也是女性的心理特征之一。当她们遇到自己心仪的对象，或是面对比较有魅力的男性时，就会表现出一副害羞和矜持的样子。康德是这样说的："羞怯是大自然的某种秘密，用来抑制放纵的情欲。它顺乎自然的召唤，但永远同善、德行和谐一致，即使在它太过分的时候也仍然如此。"他还说，"羞怯还有一个用途，那就是给大自然最合乎情理，最必不可少的目的也蒙上一层神秘的面纱。"

当一位女子对某个男性有意时，她会不时地注意这位男性的行为，一旦和男性目光相遇，就会很快把目光移开，继而出现脸红、不知所措等反应；或者不自觉地低下头，把脸转向一侧，露出羞涩的神色，想要看对方却不敢直接看，只能偷偷地朝他的方向看，这就是我们所说的含情脉脉的目光。比如在《西厢记》中，崔莺莺见到多才英俊的张生之后，就心生爱意，表现出羞怯的样子，笑容羞赧，时常用手和衣物来遮掩自己，还要红娘牵线才肯吐露心声。

事实上，女性比男性更敏感，对自己喜欢的异性是否注意自己是非常敏感的，一旦对方也注意到了自己，她们就会羞怯地做出反应、脸红、偷看对方或是羞涩地微笑。

当然，女人的示爱信号还有很多，当女人对一个男人产生好感的时候，声音也会变得轻柔很多；她的性格会发生相应的变化，原本大大咧咧的性格也会变得温柔起来；不介意个人空间被侵犯，会愿意和心仪的对象亲近；另外她还会对对方的事情感兴趣，喜欢找他聊天，愿意谈自己的事情……

女人的示爱是含蓄的、隐晦的，但很多时候会通过肢体语言来暗示。读懂了女人的微反应，往往就可以在爱情中事半功倍了。

3 男女身体语言，其实迥然不同

人们常说，男人和女人来自不同的星球，男人来自火星，女人来自金星。因为性别的不同，男女之间在性格、心理状态、处事方式和看待问题等方面都有着很大的区别。当然，男女之间的身体语言也是迥然不同的。

就拿笑来说吧。男人和女人都会笑，但是这笑却有着不同的含义。男性的笑大多数是因为心情愉快，而女人的笑在很多时候和心情愉悦并没有太大的关系。微笑被称为女性特有的一种缓和方式，这等于是在说"请不要对我无理和粗野"。大多数女性在聚会、舞会和其他公开场所中，都以微笑来体现自己的端庄和严肃，当然，在这里笑并不代表着快乐。同时，女性的微笑并不一定反映出肯定的情感，有时甚至可能和否定情感交织在一起。

所以说，我们应该懂得分辨男女身体语言的差异，熟知两性之间的差别，如此才能更好地了解亲人、爱人、朋友的内心世界。

（1）男女之间的头部和眼神动作是有区别的

情侣之间在交谈时，女性会直视对方，关注对方的变化，因为女性更关心个人之间的关系；而男性则经常环顾四周、眺望远处，保持着一副男子汉大丈夫的姿态。其实这并不代表男性不关心对方，不喜欢对方。他只是想通过这种身体语言给对方留下符合自己个性的印象。

（2）男女脚部动作的差别

谈话时喜欢抖动双脚的男人，内心通常比较紧张，想通过抖动双脚来缓解紧张情绪。同时，喜欢抖腿的男人，对任何事情都比较严格，且追求完美。如果他们的期望没有实现，就会心生不满，并通过频频地抖脚来发泄。

然而，如果女性在与男性交谈的时候有抖脚的动作，则说明她此刻的心情很愉快，是对男方有好感的表现。如果男方突然讲出令她感到不愉快的话，女性会立即停止抖脚动作。

（3）男女握杯动作的差别

相同的握杯子的姿势，由于男女性别不同，传递的信息也是有很大的区别的。

性格比较豪爽的男人喜欢紧紧握住酒杯，拇指按着杯口；而有主见的男人则喜欢用手掌紧紧握住酒杯，拇指用力顶住杯子的边缘，以显示自己的力量；性格比较内向，习惯沉思的男人则习惯两只手捧着杯子。

而女性的握杯动作则有很大差别。性格比较热情的女人，喜欢把杯子平放在手掌上，边饮边与人谈笑风生，这类女人善于交往，比较活跃好动；有些女人喜欢用手握住高酒杯的脚，同时伸出食指，她们可能比较虚荣势利，喜欢追求金钱、地位和势力；有些女人喜欢边饮边玩弄酒杯，这类女人通常没有强烈的事业心，日常生活中喜欢和琐事打交道；还有些女人喜欢紧紧握住酒杯，或是把杯子放在大腿上，这类女人是很好的倾听者，她们比较善解人意，喜欢倾听别人的谈话。

除此之外，男女身体语言还有很多不同之处。就如同我们前面所说的，男女的身体距离是不同的，男性通常习惯与他人保持稍远的距离，而女性则倾向和对方靠得近一些。男人之间表示友好的方式，时常是"大打出手"，你捶我一拳我捶你一拳。我们就时常看到许久不见的朋友，见面的时候会用拳头"招呼对方"。而女人之间就不同了，她们通常会给对方一个大大的拥抱，还会拥抱在一起跳跃一会儿。

当然，在掩饰自己紧张情绪的方法上，女人比男人更隐蔽些。男人在掩饰自己的紧张情绪时，通常会搓搓双手，玩弄自己衣袖上的纽扣，或是调整手表，或是把手放在口袋中。而女人就没有男人这么明显了，她们通常会握紧自己的双手，或是抓住自己的包或手提袋。

可以看到，男女之间因为性别的差异，在身体语言上是迥然不同。如果男人做出女性特有的动作，就会被认为有"女人气"，而女孩子做出了男性化的动作，就会被认为是"假小子""女汉子"。比如，生活中如果一个男人时常对着镜子梳妆打扮，笑时用手掩住嘴，或是喝茶时端起杯子，把小指伸出，就会被认为是"女人气"。因为这些身体语言本来就具有女性特质，而男人如果照搬过来，就背离了身体语言的性别差异性，使人感到厌恶。

4 男人变心，心思可从细节窥见

在男女交往的过程中，每一点小心思都可以从细微的小举动中看出来。比如一个男人对于一位女子心仪不已，那么他的目光就会紧紧跟随这位女子，并且表现出最好的一面，细心体贴、送水送饭，等等；而如果一个男子对这位女子已经没有爱意，变了心，那么举手投足间就会暴露他的心思，或是心不在焉，或是不耐烦，甚至还会露出厌恶的神情。

事实上，对任何人来说，即便他是一个伪装高手，如果他已经变了心，那么其心思必会从细节中显露出来。关键在于你是否能观察他的一举一动以及他不容易显露的微反应。

小雨和男朋友交往了4年，平时两人关系非常亲密，你侬我侬，已经到了谈婚论嫁的地步。可最近一段时间，小雨却发现男朋友有些不对劲，平时两人的电话都是随便乱放，不是放在茶几上就是书桌上，可现在男朋友的手机却始终不离手，而且微信提示音已经调成了静音。以前，男朋友的手机没有密码，即便设置也是小雨的生日，可现在却设置了小雨不知道的密码，问他他也不告诉。最为关键的是，男朋友最近总是盯着手机，而且常常对着手机傻笑。

发现了男朋友的反常之举，小雨开始有意识地观察他，还真的发现了很多自己忽略的行为。比如，以前两人喜欢靠在沙发上看电视，互相依偎着、拥抱着，可现在男朋友却坐在沙发一头，不愿意亲近自己；再比如，小雨和他说话，他总是爱答不理的，说

多了就会露出不耐烦的神情；以前逛街两人总是手拉手，可现在男友只顾自己一个人在前面走，把小雨远远地落在后面。

最后，小雨决定和男朋友摊牌，而男朋友也承认自己变了心。原来，他公司来了一位年轻漂亮的实习生，非常喜欢他并对他展开了热烈的追求。男朋友也被这个实习生吸引，想要和小雨分手，却不知道怎么说。

如果一个男人变了心，我们可以从哪些细节看出来呢？

首先，最显著的特征就是他开始对你变得冷淡，不再嘘寒问暖，甚至对你身边的一切都漠不关心。以前他会时常接你下班，然后一起吃饭、看电影。现在即便你加班到很晚，他也不会打电话问候一句，不会担心你一个人走夜路不安全，更不会到你公司楼下接你。你生病了，以前他会焦急地陪你到医院，叮嘱你吃药，给你准备病号餐，可以说是照顾得无微不至。而变了心的人就没有这些表现了，没有一声问候，即便你向他诉苦，他也只会说一句"多喝热水"。甚至有些人会不耐烦地说："你生病就去看医生啊！我又不是医生，和我说有什么用！"总之就是一句话，他不会再关注你的一举一动，更没有了之前的关心和照顾。

与之相对应的是，他会常常心不在焉，和你在一起时不仅不再亲密无间，而且会显得坐立不安，时不时看手机或是手表，总是想要离开。你们的交流越来越少，或者说你想要和他交流，他却不愿意回应。

热恋时，你的任性、唠叨都是可爱的。而当男人变了心之后，即便你关心他，让他多穿些衣服，他也会觉得你是在唠叨。即便你在撒娇，想要多和他交流交流，他也认为你是在无理取闹。他嘴上说得最多的话就是"你真烦！""不要烦我！"

当一个男人变了心，或是已经有了新欢的时候，他会过分在意手机，可以说是手机不离手。当电话响起，他会立即接起电话，如果电话不在身旁，他会匆忙飞奔到电话旁，并且紧张兮兮的。如果你询问他，他还会故作镇定说在等客户的电话。接电话的时候，他会故意压低说话声音，或是到别处去接听；他会把手机调成静音或者振动，或是时常借口去卫生间接电话。

当然，也有这样的男人，他们变了心之后就会产生愧疚心理，所以会变得更殷勤、更关心你。比如，以前他不是太体贴的人，那么就会因为心怀愧疚而突然变得体贴入微起来，或是特别关心你，或是帮你干活儿，或者频繁送你礼物。这种反常举动说明他想要通过关心你、帮助做家务来补偿你，实际上则是为了给自己的心灵一些安慰。

还有些变了心的男人，在面对异性时会出现反常行为。比如当他看到美女时，会尽量不去看，避免你心生怀疑。可如果你观察他的眼角和视线移动，就会发现他的眼光是随着美女移动的。

同时，如果你发现男人在其他女性面前表现得很热情很大方，而在某个女性面前却局促不安，或是异常冷淡，那么就必须提高警惕了。

总之，如果男人的行为和语言发生了变化，与以往存在着差别，即便是细微的差别，你也要小心警惕了，这说明他很可能已经不爱你了。当然，这些微反应同样适用于女人。

5 不经意的小动作，表达了男友的心意

很多时候，不经意的小动作会显示出一个人的内心状态。比如，早高峰挤公交时，有的人大大咧咧，随意地站着，还会偶尔扶一下快要摔倒的人，这样的小动作说明他比较随意，热心助人；而有的人缩着身体，不自然地摆动身体，生怕别人碰到自己，这样的小动作说明他防卫心理比较强，不喜欢和别人接触，还可能有洁癖。

在男女交往的过程中，一些不经意的小动作也能暴露一个人内心的真实想法和情绪，甚至是男性对你的心意。只要对方心里满怀爱意，你就可以通过这些小动作感受到。

比如，马路上一对情侣正在吵架，女生赌气地在前面走，男生在后面紧跟着，没有说一句话。可等到过马路时，男生却紧跑几步，习惯性地伸出手，揽住女生的肩膀，保护她的安全。这个小动作表示男生非常关心女生，怕她遇到危险，所以紧紧地把她保护在自己的臂弯中。而看到男生这个举动，女生也感受到了男生的爱意，不

再生气，乖巧地被男友揽在怀中。

公交车上，一对夫妻正在谈论孩子的学习情况，这时候，妻子说口渴了，让丈夫把包中的水拿出来。丈夫立即从双肩包中取出一瓶饮料，并没有直接递过去，而是拧松了瓶盖，再递给妻子。这个小动作显示丈夫是细心体贴的人，对妻子照顾得细致入微，而且非常爱妻子。

除此之外，很多不经意的小动作都能表达一个人的情感：

当男女朋友一起逛街时，如果男生和女士并排走，说明他把女友放在很重要的位置，心里始终牵挂着女友；如果他时刻揽着女友的肩膀，说明他保护欲比较强；如果遇到对面有人或是车过来，他就会不自觉收紧手臂，紧紧地揽住女友；如果走在马路上，他肯定让女友走在右边，远离马路边缘。

在约会时，女生总是喜欢迟到，让男友等。如果你迟到时，男友不停地走来走去，脸上露出了焦急、不安的神情，那么说明他很在乎你，想要快些与你见面，或是担心你的安全。可如果他的脸色不好看，有些烦躁的神情，那么就说明他对你的迟到很反感，这时候你就应该安慰安慰他了，否则一场争吵是无法避免的。

如果你的男友与你并排坐，并且靠得比较近，说明他非常喜欢你，想要与你的关系更进一步。可如果他在约会时，总是与你抢着坐，喜欢坐在你的左边，那么就不是什么好事情了。他可能有些心虚，隐瞒了什么事。

当然，情侣之间吵架是不可避免的，吵架之后的小动作也能反应男友对你的心意。如果吵架之后，他习惯沉默应对、坐在一旁不做声，那说明他对你不在意、不关心。这样的人比较被动，不会轻易讨好你。不过，那些不善于表达、内向的人除外。

吵架之后，如果男友总是在你身旁转悠，不时扣扣这，或是来来回回整理自己的衣服，简单来说就是坐不住，那就是想要吸引你的注意力，想要讨好你的信号。这时你只要稍微有所表示，他就会立即向你示好，请求和解。

而如果吵架之后，男友有摔东西的动作，或是表情严肃，青筋暴起，那么他很可能脾气暴躁，有暴力倾向，你最好选择远离。

总之，生活中那些不经意的小动作，就是内心情感的流露。如果你想要看透男友的内心，想要看他是有爱意，还是毫不在意，就应该仔细观察他的一举一动，尤其是那些细微的小动作。

6 约会时的表情，洞穿女人心

很多人认为爱情就是一见钟情，就是四目相对的甜蜜。其实，并不是这样的。很多人在约会的时候总是被拒绝，或是惹爱人不高兴，就是因为他们没有懂得女人的身体语言。

事实上，在约会的时候女人是否对你动心，是否喜欢和你在一起，都是有征兆的。这完全可以从她身体反应的细节看出来。

有时候，虽然没有语言的表白，但通过身体某个部位的接触，就可以让对方领略到自己的爱意。所以，如果女性不好意思对男性表达爱意，不妨尝试用身体接触来表达爱慕之情。比如在拥挤的人群中，他说："抓住我的手，不要走散了。"一开始她可能会不好意思，可是当他一把抓住她的手时，如果女性真的喜欢男性，就只会假装挣扎几下，然后就高高兴兴地顺从。可如果她挣扎得比较厉害，那么男性就不要再勉强了。这足以说明她确实不愿意和你保持亲密的关系。

女人为了显示自己的矜持，总是委婉地表示自己的想法，即便是喜欢也不会直接说出口。很多时候，她们会通过目光说话，用满怀真情和爱意的目光来看着对方，或是表达自己的关切之情。比如，当男性表示自己因为迟到而被上司斥责时，她通常会用一种"你还好吧"的眼光看对方；当他和别的异性说话，靠得比较近的时候，她就会以稍带忌妒的眼光看着对方，好像在说"哼，那么亲近干什么！"

莎士比亚说："女人善变，信者最傻。"这句话说得非常有道理。女人时常会口是心非，想要什么却不肯说出来，不是埋在心里，就是拐弯抹角地表示。有时她们明明很想要某件东西，却说自己不想要。比如，她想要你送她礼物，不会主动说自己想要，会说"你看这个很漂亮！""谁谁谁给自己的女朋友买了什么什么"。等到你送她的时候，她反而会说"我不想要"或是"这么贵，买它做什么？"事实上，女人的内心高兴得不得了。很多时候，男人问她们想要什么的时候，她们通常会说"不知道""你做决定吧！"这个时候千万不要随便做决定，因为她说这话的时候，正期待着你给她制造浪漫和惊喜。

微笑也是女人表达自己内心情感的主要方式。轻轻微笑，会令女性魅力倍增，令男人更加陶醉。有时候，女性如果在约会中保持微笑，或是在谈话过程中笑得很开怀，那么就表示她愿意和这个男性约会，对男方很有好感。

我们还会发现，一个女人时常在男朋友面前耍赖，不是抱怨这不好那不好，就是觉得这不对那不对，或是喜欢折腾自己的男朋友，不是拿个纸巾，就是要买瓶水，甚至还时不时发些小脾气……其实，这并不是女人没事儿找事儿。在她们眼中，男人越是包容自己就是越在乎自己，越喜欢自己。如果男人连小事都不包容，那么就很难有强烈的责任感和包容心。可以说，这其实是女人的一种试探，试探对方包容力的底线，以判断对方的性格脾气是不是真的适合自己。这也是在试探男人究竟把自己放在什么位置，是不是真的爱自己，究竟能容忍自己多少错误。这在男人看来或许是不可理喻的，但只要是恋爱中的女人，多半会做出这样的行为。

当然，从外表上来说，女人本来就是娇小柔弱的。所以，女人也会时常通过自己的柔弱来表达自己的内心。

一般来说，会发嗲的女人都很聪明，是因为她们知道利用自己的性别优势，也明白如何让自己心仪的对象来知晓自己的风情万种。其实，从某种角度来说，发嗲是对一个女人的赞美。它包括了女人的娇媚、温柔、情趣、姿态，而并不是简单的撒娇或是忸怩作态。而事实上，当一个女人向男人发嗲，展现自己女性柔弱娇媚的魅力的时候，就说明她心中对这个人非常中意，想要吸引他的注意力。

人们说女人心是最难猜的，其实，女人心也是最好猜的。女人习惯含蓄地表达自己的需求，常常把自己想要的埋在心里，但是她身上的微反应却时常会泄露自己内心的秘密，只要你多加关注，便会读懂女人心。

第十章 会点心理操纵，并非狡诈而是策略

世界上所有的人都有可能陷入操纵关系中。操纵者借助各种情绪、言行和心理游戏让对方跟随自己的节奏走。学点微反应心理学，读懂人心和人性，运用心理操纵术处理人际交往中的种种问题，就能变难为易，成为赢得人心的社交高手。

1 分析对方心理，选个合适的交谈切入点

对善于交往的人来说，人与人之间只有未成为朋友的人，从来没有陌生人。其实，陌生人和朋友只有"一心之隔"，只要掌握了对方的心理，找到合适的切入点，彼此很快就会成为朋友。

事实上，社会上的人多种多样，年龄、性别、性格、脾气各有不同，对于事物的认知和想法也是千差万别。我们需要根据对方的性格、身份、文化程度、语言习惯来对症下药，如此才能找到切入点，找到有共同兴趣的话题。

共同话题并不难找，这个切入点可以是谈论天气，可以是对方手中的图书，也可以是对方的兴趣爱好等。比如你坐火车出差，已经坐了很长时间，而前面的路程还有很长，你会感到无聊烦闷。这样的感觉不仅你自己有，其他人也会有，而这就是你们谈话的切入点。

你可以尝试着和身旁的人说："这条路真漫长啊！让人感到烦闷。"

他就会同意地回应道："是啊！真是令人讨厌！"

搭上话之后，接下来的交谈就会轻松很多。你们可以谈论路上的风景，比如："这高山真的险峻，爬起来一定有难度，你平时喜欢爬山吗？"如果他的答案是肯定的，那么你们可以谈论爬山的好处，都爬过哪些山，其中遇到过什么难忘的事情；如果他的答

案是否定的，那么你就可以询问其有哪些爱好，平时做哪些运动，等等。这样的话题可以延伸出许多许多，如此一来，你们的话题多了，接下来的旅程就不会烦闷了。

如果这个人是比较内向的人，并且对你的话题不感兴趣，他可能只是用"哦""唔"之类的敷衍语言来回答。这时候，你不要没有勇气说下去，可以尝试着找到他感兴趣的话题。如果他手中拿着一本书，你也可以把这本书作为切入点。如果他恰好是一个文学爱好者，那么这个话题就会吸引他的注意力，从而让他打开话匣子。总之，只要找到谈话的切入点，那么不管他是多么沉默的一个人，也会发表一些言论的。你就可以从他的谈话中了解其兴趣爱好、性格脾气，从而继续谈话和交流。

毫无疑问，在与素不相识的人的沟通过程中，每个人都可能有警戒心甚至敌意，这种心理状态会让彼此的沟通增加困难。所以，在人际交往中，尤其是初次交往时，如何消除对方的心理障碍，让其放松心情，就是首先要解决的问题。否则，不能打开对方的心扉，一切努力都会变成泡影。

这时候，察言观色，以话试探，找到彼此的共同点就非常重要了。找到了这个切入点，抓住了共同点，就等于找到了彼此交流顺利进行的关键。如果双方之间很难找到共同点，甚至出现话不投机的情况，那么为了避免出现较为尴尬的局面，我们也不需要和对方争论，而是应该求同存异，继续找个合适的话题，以便让交流顺利地进行下去。这就是心理学中所说的"共鸣"，也叫"移情"。

其实，合适的话题有很多，并不一定是对方的兴趣爱好，也并不一定是和彼此有关的话题，除了个人私生活的问题不宜交谈，时下人所共知的社会现象、热点问题、明星趣闻等都是很好的话题，都可以引起大多数人的共鸣。

很多人在与人交往时，找不到共同的话题，找不到交谈的切入点，那是因为他们认为只有不平凡的事件才值得谈，希望找到一些奇闻、惊心的事件或刺激的新闻为话题，在脑子里苦苦地搜寻，以至于失去了和别人沟通的机会。我们与别人交流并不是为了谈论那些轰动的社会新闻，也不会针对某些大事件发表自己的意见，而是要创造一种适宜的气氛，寻找契机，让对方敞开心扉，彼此产生心理共鸣。只要这个话题能够让你们的谈话渐入佳境，不管它是什么，也不管它多小，都是最好的话题。而实际上，那些日常生活中的小事反而是拉近人们关系的最好话题。

当然了，对方感兴趣的事情或是关心的事情更是谈话的切入点。因为每个人都希望聊一些与自己有关或者自己感兴趣的事情。紧紧抓住这一点，就可以让你和别人相谈甚欢。

所以，与人交谈一定要抓住对方的心理，找到合适的切入点，引起对方的兴趣和共鸣。这样一来，不仅能拉近彼此之间的距离，让对方对你产生好感，而且还能取得事半功倍的效果。

2 "干扰"对方思想，令他对你喜闻乐见

在与人交往中，我们虽然可以从对方的行为举止辨别出他真正的心意，但是想要看透对方，还是需要让对方多说话，在相互交谈中"干扰"其思想，让他对你产生好感，并且愿意与你进行交谈和合作。

早在 2000 多年前，韩非子就有了这样的意识。他说，如果我们想要让对方说出真话，就应该以轻松的态度来面对，从旁进行引导和利诱，让对方多开口说话。只要对方肯说话，我们就可以根据他的话，去分析透视他的心意，从而一步步地让他跟着自己的节奏走。不管是什么样的话题，我们都应该让对方尽情地去发挥，然后把这些话作为我们分析的资料。当然，这并不是让你不说话，而是要仔细地倾听对方谈话，然后想办法把对方诱导到自己想要了解的话题上来。

事实上，每个人都不愿意完全说出自己的想法，都想要掩饰自己内心的真实想法，或是因为受到某种因素的限制，不敢大胆地说出来。这时候，我们就应该想办法解除这样的限制，让对方自发说出自己的想法。

另一方面，每个人都喜欢谈论有关自己的话题，想办法美化自己，想要按照自己的想法去做事情；不愿意按照别人的意思来做事，更不愿意被别人牵着鼻子走。这时候，我们就应该注意说话

的技巧，千万不要强硬地建议，或是直接说"你应该怎么办""不应该怎么办"，否则，只会起到相反的效果，让对方产生逆反心理。正确的做法应该是循循善诱，通过对方的谈话找到其软肋，然后悄无声息地转移到自己想要谈论的话题上来，让其不自觉地赞同你的想法。

在交谈中，真正善于沟通的人不仅仅能让对方畅所欲言，同时还会在暗中保持着支配的地位。也就是说，他一面赞同对方的意见，一方面适当地加以询问，提出自己的观点，然后把对方引导到预期的话题上来。

有一位记者，他的采访能力非常强，不管遇到什么难缠的人，都能让对方说出真话。当别人问其秘诀的时候，他说："这并没有什么秘诀，只要能够充分了解对方的立场，让他畅所欲言，然后再把握好提问的方法，通过提问把对方的思路引导到自己想要了解的真相上来就可以了。只要你善于操纵心理，通过提问干扰对方的思想，再难的对手都能够轻松拿下。"

提问是一个很好的办法，但是很多人并不善于提问，他们总是按照自己的想法先预设好一个结论，然后直接询问对方，想让对方说出自己想要的结果。这样的方式只会让对方心生戒备，产生逆反心理。而善于交际的人却并不是如此，他们会让对方畅所欲言，说出他们想要说的话，然后通过一系列的提问或是插话，把对方诱导到自己喜欢听的话题上来。这两种方法的目的是相同的，但是因为方法不同，所取得的结果完全不同。

总之，在与人交谈的时候，最忌讳的就是采用强硬的手法，或是拿出一副盛气凌人的架势，这样的谈话肯定是失败的。因为每个人都有自尊心，都有自己的想法和主见，就连三岁的孩子都不愿意随意听从别人的命令，更何况是有思想的成人呢？所以，我们应该掌握说话的技巧，一步步地循循善诱，如此才能不费力地说服他人，让对方心甘情愿地跟着我们的思路走。

3 怎么掌握习惯买单者的心理

在生活中，我们难免有和朋友、同事聚餐的时候，在这种情况下，有些人总是习惯抢着买单。可以说，"今天我请客"已然成了他们的口头禅，如果你和他客气、争辩，他反而会不高兴，或是认为你看不起他。

他们总是表现得非常大方，实际上是为了满足自己的优越感和表现欲望。在他们看来，几个朋友一起吃饭，或是一起游玩，如果自己请客买单就会显得自己很有面子。他们也能获得心理上的满足，觉得自己比别人强，可以赢得别人的尊重和欢迎。所以，这样的人通常会是自尊心非常强的人，有强烈的虚荣心和表现欲望。

　　罗强是一家公司的推销员，虽然经济条件不是太优越，但却非常慷慨，经常请同事们吃饭或是出去玩。开始的时候，同事们吃工作餐都是AA制的，或是你请一次我请一次。但是，罗强来了之后，每次吃饭的时候他都会抢着买单，如果别人拒绝，他就会大声喊："今天我请客！""你们不让我请，就是看不起我！"然后十分热情地到前台付款。

　　时间长了，大家都习惯了罗强的这种行为，因此每次出去的时候都是由他来买单。对此，公司的同事分成了两类人，一种是贪小便宜的人，认为既然有人愿意请客，自己为什么还要拒绝呢？还有一种人是正直的人，认为不应该总是占别人便宜，即便罗强是自愿的，所以时常劝罗强不要再如此。在久劝不听的情况下，后者就尽量不再和他一起吃饭了。

　　其实罗强的经济并不富裕，不过是在追求一种满足感和虚荣感。为什么会这样说呢？因为一个同事看出了端倪：每次罗强抢着买单之前，都会犹豫不决，而且账单数字比较大的时候，他的脸色就有些不好看。但是为了显示自己的大方，他还会故作不在意地微笑，大手一挥地要求买单。事后，这位同事很多次看到罗强在结账后捏着自己的钱包，或是握着拳头。

　　从这些微反应可以看出，罗强是打肿脸充胖子，非常心疼自己的钱，但却假装大方，或是有些矛盾不已。当他做出这些行为的时候，或许内心有两个声音在打架，一个在说"买了吧！

大家会喜欢我！"一个却在说："我为什么要打肿脸充胖子！这个月的钱快花光了！"但是，为了自己的虚荣心他还是硬着头皮做了。

这是一种虚假的满足感，因为他比较自卑，为了突出自己，赢得别人的欢迎和好感，所以每次都抢着买单。这从每次别人感谢他，或是说他真慷慨的时候，他就会发自内心地微笑，露出心满意足的神情就可以看出来。因为他想要填满自己内心的空虚，所以想借助这种方法来表现自己、突出自己。

可以说，罗强给人的感觉是慷慨的，但是从其微反应来看，他却是矛盾的、自卑的。

而这种心理状态也来源于被请一方对他的依赖和称赞——就是那些贪图小便宜者的假意称赞和奉承。人们越是乐于享受他的请客，他就越能获得满足感。这与父母对于孩子的情感是非常相似的：当孩子依赖父母时，父母就会感到心理上的满足。一位心理学家说，一个母亲对孩子的溺爱，除了对孩子的真爱，还包括了通过这样的行为习惯来满足自己的满足感。

当然，抢着请客买单的人，并不都是为了满足心理上的需求。有的人是真的慷慨，乐于交朋友，这样的人不会有罗强类似的反应。他们行为大方，花钱眼睛都不眨一下，当然这些微反应也说明他们真的有经济实力，请客也是真心的。

还有的人请客有强烈的目的性，或是有求于人，或是心理有自己的计划，想要实现自己的目的。这些人的注意力不在吃饭上，说话总是旁敲侧击的，或是带有谄媚的笑，或是言语的讨好。

由此可见，习惯请客买单的行为虽然表面是一样的，但是却隐藏着不同的心理状态。我们可以从表情、行为等微反应来分析，抓住对方的内心，明白其请客的意图。

4 注意这几个微反应，面试不成问题

我们可以通过观察别人的微反应，察觉其内心的情感变化。当然别人也可以通过我们身体的细微反应，察觉我们的情绪好坏，以及内心状态。

随着就业压力的增加，应聘者的应聘技巧也越来越多，越来越善于伪装自己，或是掩饰自己的紧张，或是伪装自己的不足。所以，为了招揽更合适的人才，很多企业也开始通过微反应来考察应聘者。

其实，当应聘者走进面试点时，面试官对其微反应的观察就开始了。在等候的时候，有的应聘者气定神闲，双腿叉开，说明他比较自信，对自己的能力很有信心，不担心接下来的面试和考验。当面试官看到一个应聘者有这些微反应时，就会对其产生良好的

第一印象。

而如果一个应聘者蜷缩在沙发一角，或是坐立不安，时不时不停地看手表，或是低着头看着地板，说明这样的人非常缺乏自信，内心比较焦急，不能应付较大的压力。看到这样的应聘者，面试官对他的印象就会大打折扣，因为一个不自信的人即便能力再好，也无法胜任挑战性和难度较大的工作。

还有的应聘者会有这样的反应：坐在角落里，不看其他人，脸朝向别处，即便有人与其沟通，他也不会有所反应。这样的人防卫意识比较强，不喜欢和别人交流，或是不善于与别人交流。这样的人很难有较好的人际关系，对团队建设不利，所以面试官通常对其没有太好的印象。

除了侧面的观察，面试官更注重与应聘者面对面的交流。如果在交流的过程中，应聘者的眼神飘忽不定，或是不敢与面试官对视，视线一相碰就转移开，会让面试官觉得这个人注意力不集中，因为不自信而不敢直视面试官，或是不懂得礼节，如此一来，就会留下见不了世面的负面印象。

同时，应聘者也不能和面试官长时间对视，因为这会显得你有些咄咄逼人，或是眼神充满了敌意。我们知道，很多时候两个人对峙就会长时间对视，紧紧地盯着对方。大多数人在没有话说的时候，对视一秒以上就非常尴尬了，尤其是上下级之间。

很多场合离不开握手，在与面试官握手时，应聘者如果大方地伸出手，双脚立正，身体笔直，说明他真诚、热情、自信，可以在各种场合表现得落落大方。相反，如果握手时应聘者力度过小，或是唯唯诺诺，半天不敢伸手，则说明他不自信、胆怯，或是给人一种不够真诚的感觉。

被邀请入座时，应聘者如果笔直地坐在椅子的前半部，同时身体微微前倾，则说明态度比较积极、热情，想要向面试官表现自己。可是如果坐得太靠前，只坐在椅子边缘，则说明他内心紧张，对自己没有太大的信心，同时也是比较局促的人。而身体过于前倾，与面试官太靠近，则会显得有些侵略性，使面试官产生压迫感，是非常不合时宜的举动。

很多时候，人们还习惯用各种手势来辅助语言，表达自己内心的想法。在面试的时候，应聘者也时常使用这种方式来表现自己，目的是强调自己的观点和优势，给面试官留下深刻的印象，或是想要借助手势来缓解自己紧张的情绪。可是，如果一个应聘者手势过多，或是动作太大，那么在面试官眼中就是不合格的。他们觉得这样的人不是不够沉着冷静就是个性太过于张扬。

另外，人们在对自己非常自信，且又有对抗、蔑视的心态时，就会呈现下巴扬起的姿态，同时身体站得笔直。虽然这个动作非常微小，但是在人们眼里就是骄傲和不羁的体现。在面对面试官的时候，扬起下巴是最不合时宜的举动，所以应聘者一定要管好自己的下巴。

每个人都需经历无数场面试,都想要赢得面试官的青睐和信任。尽管微反应是内心的真实反应,很难控制,但如果你能避免不适当的微反应,就可以提升在面试官心中的印象,为自己加分。如果你能控制好自己的情绪,避免这些不适当的微反应,加大适当的微反应,那么面试就没有什么问题了。

5 找出对方的破绽,得到想要的结果

一般来说,人们总是想伪装自己,找到别人的破绽,从而得到自己想要的结果。比如,在辩论赛中,你总是急切地想要找到对方说话的漏洞和破绽,以便进行强有力的反击;在战斗中,任何一方都是伺机而动,想要找到对方战略战术上的破绽,以寻求主动出击的机会,获得最后的胜利。同样,在与人交往的过程中,人们也会想办法找到对方的破绽,洞悉对方的心理和动机,以便达成自己的目的——或是使对方成为自己的朋友,或是战胜自己的对手,或是拿下自己的客户。

可以说,人们可以从一个人的面部表情、行为举止等微反应来找出对方的破绽,洞察其内心。虽然人们是有自控能力的,但是微反应源于人类本能,细微的动作或是表情可以暴露其情绪。没

人可以进行完美的掩饰，只要内心的情感发生了变化，那么就会有情绪的破绽，只不过，善于隐藏自己情绪的人露出的破绽比较少，而不善于隐藏自己情绪的人露出的破绽比较多而已。人们只要能够有效地把握在有效刺激下露出的情绪破绽，就可以撕破伪装，得到自己想要的结果。

比如，一个人说谎的时候，如果别人不能识别他的谎言，他就会露出得意扬扬的表情，嘴角上扬，微微抬起头，好像在说"你根本猜不到我说谎了！"可别人快要接近真相的时候，他们就会神情紧张，眼角有细微的跳动，双手紧紧地握着；而当他们的谎言被拆穿时，他们就会低下头，没有了之前的神采奕奕，接下来的表现就是垂头丧气。

一家公司的保险柜被盗了，经过调查，警方锁定了一名嫌疑人，就是这家公司的财务主管。警方怀疑他监守自盗，利用职务之便套取了保险柜密码，偷走了十万元现金。可这位财务主管是一个心理素质很好的人，善于伪装自己的表情和情绪。当然，办案警察也是经验丰富的干警，他们可以通过嫌疑人微妙的表情变化甚至是脱口而出的一句话来揣摩其心理变化，找到破绽。

警察把这位财务主管叫来接受调查，财务主管非常镇定，没有丝毫紧张和慌乱。他振振有词地说："你们不能毫无证据地怀疑人！虽然我是财务主管，有机会接触保险柜，也有财务办公室的钥匙，但这都不是认定我是嫌疑人的直接证据。况且我有大好前途，薪水不低，为什么要偷区区 10 万元钱？这不是得不偿失吗？"

看财务主管面无惧色，说话振振有词，有的年轻警察相信了他的话。因为一般嫌疑人不会这么镇静，反应自然。可一位老警察却不这么认为，他说："虽然他表面比较镇定，说话头头是道，但是微反应却露出了破绽。当他说完话后，头是微微向上扬的，嘴角还露出十分自信的微笑，这微笑有些不屑、轻视，这是典型得意扬扬的表情。如果他没有做这件事情，问心无愧，就不会有这样的表情。所以，他一定有问题！"

于是，警察进行了更深入的调查，发现财务主管一向热衷买彩票，以前只是几十、几百地买，而最近却几千上万地买，他的工资根本无法支撑他这么做。所以，警察再次请财务主管来调查，当问到他关于彩票的问题时，他就没有了之前的镇静和得意扬扬。虽然他还是能够自如地回答问题，但是眼神却有些闪烁，眼角有些跳动。当警察问他买彩票的钱是从哪来的时候，他紧张地握紧拳头，脱口而出："你管我钱是从哪来的！反正我没有偷钱！"这时候，警察知道他的心理防线已经被攻破了，便继续加快审问的步伐。

最后，这个财务主管垂头丧气地说："保险柜里的钱是我偷的。"原来，之前他虽然总是买彩票，但是却不会花太多钱。可有一天，他看到一个"票友"竟中了二等奖，获得了十几万元的奖金，他就坐不住了。开始他用零钱买，后来用信用卡，最后竟打起了公款的主意。

显然，如果没有发现犯罪嫌疑人表情、神态的破绽，警察就无法掌握他的心理状态，也就不可能顺利地使其现出原形了。由此可见，想要掌握一个人的心理状态，了解其情绪变化，我们就应该仔细观察，找到对方的情绪破绽，从而实现自己的目的。

6 职场上，读懂上司行为的信号

会议室内，市场部和策划部正在讨论下一季度的营销方案，由总经理和市场总监共同主持会议。策划部拿出两套方案，支持两套方案的人数差不多，所以双方陷入争论之中，只能由总经理和市场总监决定。最后，两人共同定下了 B 方案。散会后，支持 A 方案的市场部主管不服气地说："A 方案也不错啊！为什么您要支持 B 方案呢？况且之前您还说 A 方案很好啊！"

市场总监说："难道你没有看总经理的反应吗？"

市场部主管不解地问："什么反应？"

市场总监笑着说："当他听 B 方案的时候，身体是前倾的，不时微微点头；而听 A 方案的时候，身体是靠着椅背的，而且双手交叉在胸前。这说明他更倾向于 B 方案，对它更有兴趣。既然两个方案差不多，为什么不顺应上司的心思呢？"

市场部主管这才明白其中缘由，怪自己没有看穿上司的心。

生活中，大部分人喜欢根据自己的喜好和思维方式来做事，但是很多时候如果你不明白对方的心理状态，就无法达到自己的目的，尤其是在职场上。这就需要我们学会察言观色，通过上司所表现出来的表情、动作来窥测其内心行为，读懂他行为的信号。

人们常说"看云识天气"，而我们也可以通过上司的衣着、坐姿、手势来识别其性格、品质及内心情绪。这在职场上是非常重要的，可以让你赢得上司的青睐，争取更多的机会。

当然，察言观色并不是曲意奉迎、溜须拍马，而是一种心理学技巧。生活中很多不会察言观色的人，不会看人脸色，更不会洞察上司行为背后的动机，所以时常做出不合时宜的举动。比如上司对他的发言已经感到不耐烦了，可他还自顾自地滔滔不绝，结果不仅没能让上司接受他的意见，反而还招致上司的厌恶，得不偿失。

察言观色具有很深的学问，因为不是每个人都会在任何时间和场合表现出自己的情绪，喜怒形于色，尤其是上司在下属面前就更是如此了。这时候，我们就需要培养敏锐的"嗅觉"，善于解读上司的"微反应"，对上司的言语、表情、手势、动作以及看似不经意的行为多加留意，掌握对方意图，看透对方的内心。

（1）上司频繁点头并不意味着同意或赞成你的观点

我们征求上司意见时，如果想知道对方是否真的同意你的观点，一定不要只听他说了什么，还要观察他说话时的头部动作。我们知道，当一个人同意或是赞成他人的观点时，就会点头；相反，不同意或是反对他人的观点，就会摇头。

当一个人的赞同是发自内心时，那么就会伴随着点头的动作。可如果他口头上赞同你的意见，却没有点头，或是微微摇头，那么说明他内心并不赞同你的说法，有些口是心非。

但是不要认为点头就是赞同、接受，频繁点头并不意味着同意或赞成你的观点。在交谈的过程中，上司点头过于频繁，比如你说一句话他就点头超过三次，或许意味着他的内心已经不耐烦了，只是在敷衍你而已。

另外，如果你正在和上司说话，而他并没有看着你，不是盯着电脑，就是翻阅文件，直到你说完后才点头，那么说明上司根本没有专心听你说话，点头只是敷衍的动作。

（2）抬高右眉表示持有怀疑态度

眉毛的动作是非常细微的，却是最能反映一个人内心情感的。扬眉表示兴高采烈，低眉表示心情沮丧。如果上司在与你说话时抬高右眉，表示他对你说的话持怀疑态度，并不真正地相信你。

（3）目光锐利表示冷漠

很多时候，上司是严肃的、认真的，但是也不至于过分严苛。可如果上司的目光非常锐利，表情非常严肃，直直地看着你，说明上司想要把你看穿，同时在说："你别想欺骗我！我能看穿你的心思，最好不要对我说谎！"

当上司变得目光锐利的时候，你最好不要试图欺骗他，或是油嘴滑舌。这也说明上司在意自己的权力地位，是比较冷漠的人。

（4）不时地扫视，目光相遇后又迅速移开，代表着打量和猜疑

如果在交谈的过程中，上司不时地扫你一眼，目光相遇后又迅速移开，说明他正在打量你，不知道你是什么样的人，你的话是不是值得信任。如果遇到这种情况，你最好真诚地直视，不要有所躲闪。

（5）凝视着你，不时微微点头，是使你屈服的信号

谈话的过程中，如果上司凝视着你，并不时微微点头，不要以为上司青睐你，实际上这是非常糟糕的信号。这时，上司希望你完全服从他，不能提出反对意见。他坚持自己的看法，即便你说的话非常有道理，他也会置之不理。

（6）双手插腰，肘弯向外撑，说明他想要别人听自己的命令

喜欢发号施令的人，通常会保持这样的动作：双手插腰，肘弯向外撑。当你看到上司有这样的举动时，最好按照他说的去做，因为他正在发号施令，不容反驳。

（7）身体往后靠，双手抱胸，说明持反对意见

我们时常看到上司坐在椅子上，身体往后靠，双手或是抱胸，或是放到脑后，这说明他对下属的话不赞同。这也是比较自负的表现，如果一个上司习惯保持这样的动作，则表示他很难听进去别人的意见。

（8）拍肩膀，表示对下属的承认和赏识

如果你做完一件事，或是提完一个意见，上司轻轻地拍拍你的肩膀，并且面带微笑，则说明他对你的表现比较满意，对你的能力很赏识。

（9）手捏成拳头，表示比较愤怒

如果你在说话时，上司双手握拳，说明他想要维护自己的观点，内心比较愤怒，对你的话不置可否。如果他不时用力敲桌子，则说明愤怒到了极限，不会听取别人的意见，甚至企图不让别人说话。

情绪高于理智，微反应是情绪的第一反应。如果我们懂得察言观色，捕捉到上司的微妙变化，就会读懂其行为背后的秘密。所以在职场上，我们要善于观察，准确地解读行为的信号，如此才能在职场上应对自如。

7 你不可不知道的几种常见微反应

动物在受到外界刺激的时候，会产生一些应激反应。这些反应有的是非常细微的，却表达了其内心的情绪。比如当它们察觉到周围环境比较危险，可能有敌人存在的时候，就会马上停下来观察环境。与之相对应的是，它们会屏住呼吸或是竖起毛发。这些反应说明它们内心紧张，已经提高了警惕，或是准备攻击。

人也一样。在遇到危险的时候，会做出原始的动作掩饰或保护自己，并借助这些动作来缓解内心情绪。

事实上，根据心理学家的调查，人根据所处环境的不同，一般会产生8种微反应。它们是冻结反应、逃离反应、爱恨反应、安慰反应、仰视反应、战斗反应、胜败反应和领地反应。下面我们对几种微反应做简单的介绍：

冻结反应，简单来说就是人在受到意外刺激时所做出的第一反应。由于这些刺激是突如其来的，让人感到猝不及防，所以人会出现短暂的停顿，比如愣一下、僵住了，之后才会想到观察环境，做出相应的反应。在日常生活中，冻结反应是非常常见的，比如人在受到突然的惊吓时，就会身体僵住，伴随有惊讶的表情，或是睁大眼睛，或是张大嘴巴。

逃离反应，就是人在面临危险时，或是内心感到恐惧，或是对某事某人产生厌恶之情时，做出的微小的行为反应。当人们的内心有这样的情绪时，就会在不经意间做出摸鼻子、咬嘴唇、脚尖朝外的动作。这些小动作虽然很常见，却真实地反映了一个人想要摆脱、逃离的心理状态。当然，如果你在面试或是聚会场合频繁出现逃离反应，则会让人感觉你很不自信，或是内心极度紧张，这对于你与人沟通非常不利，还会给人留下不好的印象。

爱恨反应在恋爱与婚姻中最常见，是人际关系心理的两个极端。内心有爱，就会产生一系列爱的反应，比如喜欢与对方接触，甜言蜜语，两个人的身体距离非常近；而内心中没有爱，有怨恨或是不满的时候，就会不自觉地拉开彼此的距离，甚至眉眼间都会有厌恶的神情。可以说，生活中两个人的一举一动、一言一语都可以透露出双方对彼此的喜爱与厌恶程度。

安慰反应，是人受到负面刺激时产生的一系列反应，人想要做一些动作来化解负面影响带来的心理压力。换句话说，人对周围环境感到不适时，就会不自觉地产生安慰反应。生活中，最容易出现安慰反应的是喜欢说谎的人，因为人一说谎，大脑就会受到各种暗示，使其内心产生巨大的压力。当压力逐渐增大时，人就会利用一些手势或其他反应来缓解压力，以寻求心理安慰。

仰视反应是人类的本能反应。任何人都存在仰视比自己地位高的人，轻视比自己地位低的人的倾向，只是程度不同罢了。所以，人会刻意地显示自己的优势，本能地抬高自己的地位，以接受别人的仰视。

战斗反应，是愤怒的最大体现，它也是人在受到外界刺激后的一种心理反应。比如，当受到挑衅的时候，人会瞪圆眼睛、双手握拳，身体向前倾，展现出随时准备战斗的架势。

胜败反应，是在战斗结束后出现的一种心理反应，胜利的人会趾高气昂、神清气爽；而失败的人则垂头丧气、士气低沉。在日常生活中，我们很容易分辨出对战双方谁是胜利者谁是失败者，因为这些微反应太明显了。

领地反应，产生于人在自己的"领地"中所表现出来的主人翁的意识。简单说就是"我的地盘我做主"。在自己熟悉的环境里，人会举止放松、行为自然、心情愉悦，想做什么就做什么。如果领地受到了侵犯，就会产生强烈的不安感。而在别人的领地，人也会感到不安和紧张，无所适从。

当我们了解了这些常见的微反应，就会对他人的情绪以及心理真实状态做出准确的判断，从而在日常交往中如鱼得水。